计算机辅助 Cel动画技术

Cel动画形状匹配方法研究

刘绍龙 著

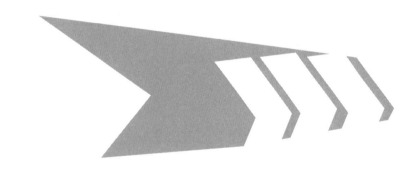

中国国际广播出版社

前　言

21世纪以来，中国动漫行业及动画制作技术实现了迅速发展与变革。据统计，在国内动画产业发展方面，2023年全年上映动画电影数量达62部，同比增长34%，累计票房达79.98亿元，彰显了中国动画市场的活力与潜力。在动画制作技术方面，2023年涌现出多部制作精良、具有视觉冲击力的二维或三维动画电影，如《铃芽之旅》《长安三万里》，体现了当代动画技术的先进性。在国家政策层面，我国"十四五"文化产业发展规划提出提升动漫产业质量效益、密切关注信息技术、加强关键技术研发应用等要求。同时，"十四五"软件和信息技术服务业发展规划将研发推广计算机辅助设计、仿真、计算等工具软件列为主要任务之一。由此可见，中国动漫产业规模持续扩大，产值及质量逐年提升，政府对动漫产业的支持与技术关注持续增强。

在这一语境下，本书尝试通过探索计算机辅助Cel动画技术，以进一步提升动画产业的生产效率和作品质量。相较于其他动画类型，Cel动画的工业生产流程中仍存在耗时且劳力密集的环节，如动画自动上色、中间帧自动生成、风格化、图层跟踪等。上述环节的技术基础是Cel动画关键帧间形状匹配，比如动画角色的自动上色功能需要依赖动画角色中区域与区域的正确匹配，关键帧自动生成技术通常基于笔画与笔画之间的匹配结果等。根据这一发现，我将提高Cel动画生产效率核心关键问题聚焦为Cel动画形状匹配问题。经过进一步调查发现，当前前沿技术尚未有效解决此问题，主要因为Cel动画存在着诸多特殊情况。例如，在动画形状的运动过程中，常常会发生明显的几何形变和拓扑变化，这导致几何特征和拓扑特征难以被充分利用。此外，前景和背景的遮挡可能会导致形状的衍生或退化，进而产生形状元素之间一对一匹配、一对多匹配、多对多匹配等不同的匹配情况。这些问题均会影响 Cel 动画形状匹配效率，进而降低 Cel 动画的生产效率。

鉴于此，我认为有必要提出一种能够同时有效解决上述问题的方法，着手从计算机图形学和艺术学动画创作两个领域借鉴理论知识，汲取灵感。从动画规律和动画制作需求出发，分析问题的痛点和难点，利用计算机图形学和现代数学前沿理论，如形状空间理论和代数拓扑理论，将问题形式化为数学和算法问题并找到求解的最优方法。

本书是艺术与科技有机结合的一次尝试，在计算机理论方面，希望能够弥补拓扑和几何表达方法在 Cel 动画形状分析发展中的空白，推动黎曼几何理论在 Cel 动画形状匹配技术方面的研究发展，为 Cel 动画中间帧差值技术、自动上色技术等计算机辅助技术提供理论基础。在动画艺术理论方面，希望能够帮助分析典型动画形状元素的拓扑结构特征，总结拉伸与挤压、弹性等动画原理对动画元素匹配的影响，促进现代动画原理的发展。对于艺术创作而言，本书希望能够改变传统动画前中期制作流程框架，大幅提高 Cel 动画创作效率，减少动画艺术家的冗余劳动。对于动漫产业而言，希望能够解放 Cel 动画工业的生产劳动力，提高整个 Cel 动画工业的生产效率，通过计算机科技赋能动画行业，提高国内动画制作团队在国际中的竞争力，拉动国家文化创业产业发展。

总体而言，我希望该研究成果能够同时服务于计算机理论、应用技术与动画艺术创作领域发展，为 Cel 动画产业发展提供有力的科技支撑，为加速动画数字产业化进程贡献微薄之力。

目 录

第一章　绪　论 / 001

　一、研究背景与意义 / 001

　二、国内外研究现状 / 005

　　　1. Cel 动画中的区域匹配方法研究 / 005

　　　2. Cel 动画中的笔画匹配方法研究 / 010

　三、研究思路及主要研究内容 / 016

　　　1. 研究方法思路与路线 / 016

　　　2. 研究内容 / 018

　四、组织框架 / 019

第二章　相关理论 / 022

　一、黎曼几何 / 022

　　　1. 黎曼流形与黎曼度量 / 022

　　　2. Lie 群与群作用 / 027

　　　3. 商空间与商度量 / 028

　二、形状空间 / 031

　　　1. Kendall 形状空间 / 031

　　　2. 尺度形状空间 / 037

　　　3. 弹性形状空间 / 038

三、分配问题 / 041

    1. 线性分配 / 042

    2. 二次分配 / 044

第三章 Cel 形状的区域精确自动匹配方法 / 051

一、区域精确匹配问题描述与方法框架 / 051

二、Cel 形状区域表达 / 055

    1. 拓扑表达 / 055

    2. 几何表达 / 058

三、区域相似度度量方法 / 059

    1. 几何相似度度量方法 / 059

    2. 拓扑相似度度量方法 / 063

四、构建形状伴随图 / 066

    1. 节点构建 / 067

    2. 边的构建 / 069

    3. 节点与边属性的设置 / 069

五、谱匹配方法 / 070

六、实验结果与分析 / 073

    1. 方法效率实验分析 / 076

    2. 方法对比实验分析 / 078

第四章 Cel 形状的区域实时交互匹配方法 / 083

一、区域实时交互匹配问题描述与方法框架 / 083

二、Cel 形状区域表达 / 086

    1. 拓扑表达 / 087

2. 几何表达 / 088

三、区域相似度度量方法 / 089

四、局部邻接区域匹配方法 / 092

五、全局优化区域匹配方法 / 094

  1. 邻接图启发式遍历 / 094

  2. 候选区域的匹配 / 096

六、交互匹配方法与种子区域推荐算法 / 096

  1. 种子区域选取方法 / 097

  2. 交互方法与平台 / 098

七、实验结果与讨论 / 100

  1. 方法效率实验分析 / 101

  2. 交互效率实验分析 / 103

  3. 方法对比实验分析 / 105

第五章　Cel 形状的多维度自动匹配方法 / 110

一、Cel 形状多维度匹配问题描述与方法框架 / 110

二、Cel 形状的多维度拓扑与几何表达 / 115

  1. 多维度图结构拓扑表达 / 115

  2. 多维度的几何表达 / 119

三、多维度相似度度量方法 / 119

  1. 曲线 SRV 变换 / 120

  2. 去除尺度影响 / 121

  3. 去除旋转影响 / 121

  4. 去除参数化影响 / 122

  5. 计算测地距离 / 122

四、笔画重构方法 / 122

　　五、自上而下的多维度匹配方法 / 126

　　　　1. 区域层级匹配 / 128

　　　　2. 笔画层级匹配 / 128

　　　　3. 顶点层级匹配 / 133

　　　　4. 跨层级匹配 / 133

　　六、实验结果与讨论 / 136

　　　　1. 方法实验结果分析 / 137

　　　　2. 方法对比实验分析 / 140

第六章　总　结 / 143

　　一、工作总结 / 143

　　　　1. 提出了基于 Cel 形状伴随图和谱匹配方法的区域精确匹配方法 / 143

　　　　2. 提出了基于尺度形状空间和区域邻接图的区域实时交互匹配方法 / 144

　　　　3. 提出了 Cel 动画形状多维度匹配方法 / 145

　　二、未来工作展望 / 145

　　　　1. 对栅格化的 Cel 形状匹配 / 146

　　　　2. 对特殊动画风格的 Cel 形状匹配 / 146

　　　　3. 对时序的 Cel 形状匹配 / 146

参考文献 / 147

致　谢 / 161

第一章 绪 论

一、研究背景与意义

Cel 动画是二维手绘动画的统称,传统的 Cel 动画是指在透明塑料片上手工绘制的二维动画艺术,动画艺术家使用专业的墨水将角色动画绘制在透明赛璐珞塑料片上,这些由赛璐珞材料制成的透明薄塑料片被称为 Cel[1],所以用这种动画技法绘制的动画作品被称为 Cel 动画[2-4],如图 1-1 (a)所示。Cel 动画的特点是角色动画与复杂背景进行分层处理,动画师通常关注在前景动画绘制上,动画场景片段中背景层不变,且动画由一帧帧赛璐珞片构成。由于技术的发展,当今 Cel 动画绘制通常会借助计算机辅助工具,称为计算机辅助 Cel 动画(后文提到的 Cel 动画为计算机辅助 Cel 动画),其绘制原理和设计原则仍然与传统 Cel 动画无异,但传统的手绘工具和赛璐珞片由手绘板与 Cel 动画辅助系统的透明图层(Layer)所替代,原理如图 1-1(b)所示。

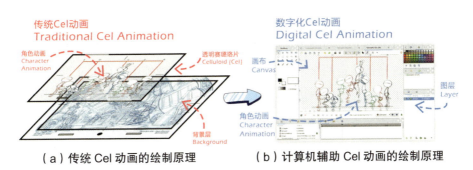

(a)传统 Cel 动画的绘制原理　　(b)计算机辅助 Cel 动画的绘制原理

图 1-1　Cel 动画制作原理

计算机辅助 Cel 动画技术：Cel 动画形状匹配方法研究

20 世纪 30 年代，迪士尼工作室发明这项绘制技术后，Cel 动画便迅速发展成为一种流行的艺术形式和大众媒体，而且在世界范围内形成了庞大的 Cel 动画产业。目前 Cel 动画产业虽然受到了三维动画技术的冲击，但在全球仍然是发展较快的产业，且一直受到成人和孩子的喜爱[5]。根据 Box Office Mojo 统计，2016 年全球上映的 Cel 动画电影《你的名字。》的全球票房超过 5 亿美元。2020 年，Cel 动画电影《鬼灭之刃：无限列车篇》的全球票房达到了 4.746 亿美元。

据统计，2023 年全年上映动画电影数量达 62 部，同比增长 34%，累计票房达 79.98 亿元。这些数据说明 Cel 动画依然在全球文化产业中占有一席之地，且优秀的 Cel 动画仍然会不断产出。在我国，根据国家广播电视总局前瞻产业研究资料显示，迄今为止我国已认定 20 个国家动漫产业基地，以及 8 家动画教学研究基地。2018 年，财政部、税务总局发布《关于延续动漫产业增值税政策的通知》（财税〔2018〕38 号），再次推动中国动漫产业的发展。这些数据和政策说明 Cel 动画仍是我国经济和文化产业发展的重要组成部分，因此怎样通过计算机辅助技术提高 Cel 动画生产效率，依然是计算机应用领域和动画产业领域的一项重要课题。虽然在计算机辅助技术的帮助下，大大降低了 Cel 动画的生产成本，但是在生产过程中还有很多任务需要更有效的技术来进一步提高效率，比如计算机辅助 Cel 动画中间帧自动生成、形状自动上色、遮挡处理、形状跟踪、形状检索等，尤其是 Cel 动画中形状的匹配[6-8]。

计算机辅助 Cel 动画中形状的自动匹配问题在本书中简称为 Cel 形状自动匹配，是指给定两个不同的关键帧，寻找关键帧中参照 Cel 形状和目标 Cel 形状中元素之间的最优匹配。在本书中，一个关键帧内的所有几何元素的集和描述为一个计算机辅助 Cel 动画形状，简称为 Cel 形状。这些几何元素包括区域、笔画和顶点，如图 1-2 所示。

Cel 形状之间的最优匹配则是根据指定的约束条件寻找这些几何元素之间的最优分配方案。这些匹配包括相同维度的元素匹配，比如区域之间的匹配、笔画之间的匹配以及节点之间的匹配。此外也包括了跨维度的元素匹配，比如区域与笔画的匹配，笔画与顶点的匹配以及区域与顶点的匹配。Cel 形状匹配方法之所以是 Cel 动画计算机辅助技术的核心，是因为它是中间帧生成和自动上色等其他辅助技术的基础，比如 Cel 形状自动上色功能需要依赖 Cel 形状之间区域与区域的正确匹配，关键帧自动生成技术通常基于笔画与笔画之间的匹配结果。也就是说，Cel 形状匹配结果直接影响多个生产环节的时间消耗和准确率，从而影响整个动画产业的生产效率。

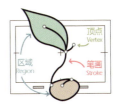

图 1-2　Cel 形状的构成

然而，Cel 形状的匹配问题目前仍然是一个挑战，其难点在于通常每个 Cel 形状都由数量庞大的区域和笔画组成，比如一部典型的迪士尼 Cel 动画长片平均需要超过 100 万张中间帧[9]，这些中间帧都需要相应的形状匹配。在大量区域和笔画之间寻找最优匹配将花费不小的计算资源和时间资源。通常动画角色在运动过程中，其外形会发生几何形变，如图 1-3 所示。Cel 形状 1 和 Cel 形状 2 描述了角色因运动而产生的较大弯曲变形（Bend）。Cel 形状 3 和 Cel 形状 4 描述了角色因运动而产生的压缩（Squish）与拉伸变形（Stretch）。这些形变在 Cel 动画中经常出现且有时会因为动画师天马行空的表达变得尤为严重。虽然这些变形遵循动画设计原则，但是不同风格的 Cel 动画设计原则不同，很难提取出通用的变形规律。

图 1-3　Cel 动画中的几何变形

此外，不同于三维动画，Cel 形状匹配最为棘手的问题是 Cel 形状的拓扑结构通常会随着运动遮挡、空间旋转等情况发生变化。这意味着在动画中只有部分几何特征和拓扑特征信息可以被利用,如图 1-4 所示。Cel 形状 1 和 Cel 形状 3 因为运动发生了遮挡,导致鸽子翅膀由一个区域变成了两个区域,而旗子由一个区域变成了 3 个区域。拓扑的变化将会产生一对一匹配、一对多匹配、多对多匹配等不同的匹配情况。

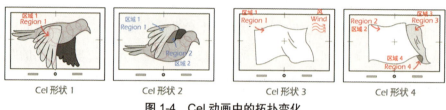

图 1-4 Cel 动画中的拓扑变化

不仅如此,拓扑结构的改变也有可能导致 Cel 形状中新的元素衍生或者原有元素退化,如图 1-5 所示。Cel 形状 2 的一片叶子区域和其轮廓退化为了一个顶点。Cel 形状的匹配不再局限于相同维度元素的匹配,跨维度元素的匹配同样需要考虑,比如区域和笔画的匹配、笔画和顶点的匹配等。因为 Cel 形状的匹配需要允许动画师进行个性化设置,以及快速反馈,所以匹配方法需要具有可交互干预能力和时间效率高等特点。

为了提高计算机辅助 Cel 动画的效率,本书从 Cel 形状匹配入手,针对上述问题和挑战,提出了 Cel 形状精确匹配、Cel 形状实时交互匹配以及 Cel 形状多维度的匹配方法框架。这些框架针对上述不同的问题和难点提供了不同的解决方法,致力于为 Cel 动画艺术家提供一个高效的创作辅助工具,进而提高 Cel 动画产业中的生产效率,也为后续 Cel 动画辅助技术发展提供借鉴。

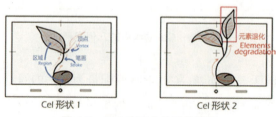

图 1-5 Cel 动画中的退化情况

二、国内外研究现状

现有的计算机辅助 Cel 动画技术研究方法，主要有中间帧生成技术[10-16]、形状自动上色技术[17-25]、动画分层与形状追踪[26-30]、动画风格化[31-33]等。这些方法的基础都离不开 Cel 形状的匹配。关于 Cel 形状匹配方法，现有的研究成果主要包括两个方面，一个是 Cel 形状中区域的自动匹配方法，另一个是 Cel 形状中笔画的自动匹配方法，整体研究现状可以通过图 1-6 来展现。

图 1-6　Cel 形状匹配技术研究现状

1. Cel 动画中的区域匹配方法研究

形状匹配的相关方法可以分为三类，分别为基于几何属性相似度的 Cel 形状区域匹配方法、基于局部拓扑信息的 Cel 形状区域匹配方法和基于全局拓扑信息的 Cel 形状区域匹配方法。

（1）基于几何属性相似度的 Cel 形状区域匹配方法

早期大部分区域匹配相关工作基于区域几何属性分析的方法，尤其是通过对区域轮廓的几何特征点进行提取和分析。这部分工作利用各种形状描述符来实现区域轮廓的几何描述和几何相似度计算，例如曲率、傅里叶描述符（Fourier Descriptors）和形状上下文（Shape Context）等。

Madeira 等人[34]将 Cel 动画中的区域匹配问题看作线性规划问题，利用基于字符串的形状编码和字符串比较算法进行区域匹配。该方法将比较两个区域所编码的字符串差异作为几何相似度差异，这种形状编码的字符串可以描述和存储轮廓曲率的变化率。该工作首先提出了一种启发式的方法来区分哪些候选区域需要比较以及哪些候选区域可以被滤掉，然后通过线性优化方法最小化区域相似度的和，从而找到相应的匹配。

Yoshihiro[35]将匹配问题看作二分图的最优匹配问题，首先在一对Cel形状的区域间构建一个匹配代价，然后最小化这个匹配代价矩阵，从而提取出形状匹配。该方法首先通过使用代理椭圆形状描述符（Proxy Ellipses）来近似表达每个区域的方向、大小和位置，然后通过计算代理椭圆的相似度来构建上述匹配代价矩阵。此外，Yoshihiro[36]在之后的工作中研究了基于相同匹配方法框架下不同形状描述符对区域匹配精度的影响，这些形状描述符包括椭圆代理、傅里叶描述符和形状上下文。

Sato等人[37]通过对漫画中参照物形状的区域和目标形状的区域进行匹配，从而对漫画进行自动填色。他们首先将漫画中的形状分割成多个区域并构建成图结构，然后用二次规划的思想匹配两个图结构。该方法定义的代价函数包含了两个图中区域对的相对位置差异、相对角度差异和面积差异。最终用放松约束的方式求解代价函数。

这些方法基本能够实现区域匹配的功能，但是它们的形状相似度度量方法对区域的局部几何特征非常敏感，比如凸包、凹形、尖点等。当Cel形状在动画过程中发生形变时，这些局部几何特征有可能会消失。这种情况下，上述方法会产生匹配错误。此外，这些方法也很难处理动画过程中Cel形状区域拓扑结构发生变化的情况。相比之下，本书提出的形状空间相似度度量方法对相似变化鲁棒，如Cel形状区域的平移、旋转、缩放。而且该方法不会过度依赖区域轮廓的局部细节特征，而是考虑区域整体的内蕴几何差异。此外，本区域自动方法不需要用户进行干预。

（2）基于局部拓扑信息的Cel形状区域匹配方法

部分现有研究工作尝试在比较Cel形状几何特征的同时考虑其局部的拓扑信息，不但在匹配过程中计算区域的几何相似度，而且尝试加入区域之间的局部拓扑关系差异。

Qiu 等人[18]提出利用 Master 关键帧的区域信息对 Cel 动画角色进行自动匹配的方法，该方法的核心思想是对 Master 关键帧中 Cel 形状区域与需要匹配的 Cel 形状区域进行一对一的匹配。在寻找区域匹配的过程中，Qiu 等人定义了不同尺度下区域之间的相似度度量，并称之为属性差异值（Attribute Dissimilarity Value）。这些相似度中除了考虑区域的面积和曲线长度几何属性，还考虑了局部拓扑属性，也就是邻接区域的关系和特征点。这些拓扑属性差异对编码特征字符串进行提取和比较，之后这些不同属性差异值通过相对应的权重合并在一起作为最终的差异值。该方法通过设置多个阈值来决定最优的区域匹配，然后通过贪婪算法从面积最大的区域依次寻找最优的区域匹配。该方法匹配精度低，且依赖于阈值的设置。

Chang 等人[38]提出了基于几何和拓扑特征相似度的区域匹配方法。该方法提取了区域的面积、运动方向、中心位置等区域几何特征，并将区域局部拓扑关系嵌入属性图中。匹配方法的过程分为 3 个阶段，分别是区域的比较、图的匹配以及交替重复。首先在区域比较阶段通过阈值筛选出几何相似度高的匹配作为候选匹配，然后通过暴力破解方法对属性图进行匹配，从而加入区域的拓扑属性差异，最终解决没有找到匹配的区域。该方法首先考虑几何特征，然后考虑局部拓扑特征，属于渐进式的贪婪匹配算法，而无法同时考虑几何与拓扑特征。

Garcia 等人[39]提出了一个比较函数，该函数包含 5 个关于区域匹配的子函数。这些函数通过多个权值融合在一起来比较不同区域的几何特征和其相邻区域。

为了度量拓扑相似度，Bezerra 等人[40]提出了一个名为 Adjacency Function 的拓扑相似度度量，它可以计算邻接图中区域之间所有的邻接关系。该方法的阈值设置同样影响匹配的精度，且几何与拓扑相似度度量的精度差。

Sykora 等人[41]将局部最优块匹配和 As-Rigid-As-Possible 形状正则化相结合来进行形状的匹配。此外，他们还利用基于拼接块的采样和概率推理的方法来匹配这些拼接块，从而对动画进行自动填色。为了避免出现在相似的结构上应用不同颜色的情况，他们通过局部属性关系图定义了一个邻域支持函数。该方法适用于栅格化的 Cel 形状匹配，而非矢量化 Cel 形状匹配。

Chen 等人[22]引入混合整数二次规划方法和主动学习方法框架来进行 Cel 形状的局部区域匹配。该方法首先将栅格化图像进行区域分割，使用内距离形状上下文（Inner-Distance Shape Context）方法对分割区域进行特征提取，然后通过主动学习的框架对区域匹配进行手动标注，最后通过混合整数二次规划的方法加入区域拓扑信息并对匹配进行优化。该方法需要用户多次手工标注，当多个角色相互遮挡时，匹配过程会出现错误。

上述方法的共同问题在于过度依赖算法中的超参数，比如函数中的权重，而权重的设置更多依赖于经验，如果权重设置不准确，方法无法适用于普通情况。同样，这些方法的几何相似度度量方法过于粗糙，过多关注区域的几何外蕴特征，无法高效处理带有相似变换的区域匹配。此外，Cel 形状的全局拓扑信息也没有完全被利用，以至 Cel 形状的拓扑如果不够稳定，这些方法可能会降低效率。相比之下，本书提出的区域精确匹配、实时交互匹配与多维度匹配方法避免了冗余的超参数，而且考虑了 Cel 形状的全局拓扑相似度，在拓扑发生较大改变的情况下，区域匹配方法依然鲁棒。

（3）基于全局拓扑信息的 Cel 形状区域匹配方法

部分研究在区域匹配过程中尝试利用 Cel 形状的全局拓扑信息，通过分析 Cel 形状中区域的多层级结构关系对区域匹配进行优化，或者利用多个连续关键帧之间部分遮挡引起的全局拓扑变化信息来解决区域对应问题。

Qiu 等人[17]提出了基于层级区域匹配的 Cel 形状匹配方法。他们首先根据 Cel 形状中的凸包来识别区域，然后基于它们的内部和外部关系创建区域之间的层次结构，根据区域的包含关系将区域从高等级到低等级进行划分，最终从高等级到低等级依次对区域进行匹配。相同层级的匹配方法延续了其他论文中提到的方法，因此同样局限于粗糙的几何相似度度量方法和冗余的超参数设置。此外，在动画制作过程中，如果区域的包含关系发生改变，那么该方法会出现大量的匹配错误。

Qiu 等人 [42] 还提出了一个针对 Cel 动画角色造型的自动上色方法，该方法首先提取 Cel 动画角色的骨骼框架并形成拓扑结构图，然后对拓扑图进行比较从而匹配 Cel 动画角色。该方法只适用于具有明显骨骼特征的动画角色，且当骨骼拓扑结构因为动画的遮挡无法完整提取时，会出现匹配错误。

Zhu 等人 [27] 利用多个关键帧中相关区域的空间变化来实现区域匹配，该方法将区域匹配问题看作网络流问题，从一个起点到一个终点的流动被归结为一个区域的潜在对应轨迹，在轨迹上的所有区域被视为匹配区域。在构建节点代价和边代价时，该方法使用了基于颜色和形状上下文描述符的形状相似度度量方法。该方法要求用户输入多个 Cel 形状，且 Cel 形状需要带有丰富的颜色信息，用户输入的关键帧越少，匹配精度越差。与之相似的方法还有 Zhang 等人 [28] 提出的方法，该方法应用于多幅位图中的区域追踪。

上述方法在寻找区域匹配的过程中，普遍会因为 Cel 形状的拓扑结构变化过大而导致匹配错误率高，这是因为上述方法对于区域的全局拓扑关系的描述过于简单，对于拓扑相似度度量方法过于粗糙，而且对于处理区域退化和区域衍生的情况不够鲁棒。上述方法依赖于用户输入的 Cel 形状数量，这在应用中会给动画师带来负担。此外，上述方法的几何相似度度量效果同样限制了区域匹配的精度。本书提出的方法对局部区域拓扑关系和全局拓扑关系进行了详细的描述，并采用了定量和定性的拓扑相似度度量方法，无须用户提供过多的 Cel 形状作为参考，当动画中 Cel 形状发生较大的拓扑变化时，该方法依然鲁棒。

总之，现有 Cel 形状的区域匹配方法局限于粗糙的几何和拓扑相似度度量方法，过度依赖于几何外蕴信息和冗余的超参数设置，这导致当 Cel 形状发生较大的弹性形变或拓扑变化时，方法的准确率会大幅下降。现有方法不适合处理区域退化和衍生情况，而且在用户交互干预能力上效率较低。针对上述问题，本书提出的方法使用了基于形状空间理论的区域几何相似度度量方法，对发生相似变换的 Cel 形状区域匹配依然有效。本方法构建了 Cel 形状多维度的拓扑结构，能够更加详细地描述区域的邻接拓扑关系和层级拓扑关系，并将拓扑相似度度量转化为基于形状空间理论的相似度度量。匹配框架可以在同时考虑几何信息、局部拓扑信息和全局拓扑信息的情况下找到最优匹配，并且能够提高用户交互干预效率。Cel 形状的多维度匹配方法能够处理区域退化和衍生的情况，当 Cel 形状发生较大的几何变形和拓扑变化时，区域匹配方法依然鲁棒。

2. Cel 动画中的笔画匹配方法研究

在计算机辅助动画技术研究中有大量的工作聚焦于动画的中间帧生成，而该工作的核心挑战之一就是矢量笔画匹配技术。这部分的研究已有 40 多年的积淀，这些研究主要分为 3 个方面，分别为基于人工介入的 Cel 形状半自动笔画匹配方法、基于几何信息和拓扑信息的 Cel 形状笔画匹配方法和基于机器学习的 Cel 形状笔画匹配方法。

（1）基于人工介入的 Cel 形状半自动笔画匹配方法

当今 Cel 动画工业中大部分成熟的计算机辅助软件都含有笔画匹配的功能，然而通常情况下，Cel 形状中笔画数量较多且存在层级遮挡问题，这导致自动化笔画匹配方法不够鲁棒，很难达到工业应用标准，因此现有的工业级软件采用人工交互干预的方式完成笔画的匹配，如主流辅助系统 CACAni（Computer Assisted Cel Animation）[43] 在完成笔画匹配过程中会提供视觉提示，从而引导用户统一两个关键帧之间笔画绘制的顺序。与之相似的系统还有 Toon Boom Harmony[44]、TVP animation 等。现有学术研究同样也需要用户人工识别笔画的匹配 [45-50]，这些工作的目的主要是提供一种交互方式和有效的界面来帮助用户建立和更正笔画的匹配结果。虽然上述工作中有些研究采用了形状匹配的算法，如 Fekete 等人[50]提出的方法，但这些方法只能辅助用户提供构建匹配信息，主要的匹配工作仍然需要用户监督和完成。这些方法虽然精度较高但局限性显而易见，虽然能得到准确的笔画匹配结果，但匹配工作仍然依赖用户的决策和操作，无法自动完成笔画匹配任务。

（2）基于几何信息和拓扑信息的 Cel 形状笔画匹配方法

最近业内的研究工作致力于减少用户的交互次数，研究 Cel 形状笔画的自动匹配方法。这些方法[51-58]的核心思想是尽量利用两个 Cel 形状笔画的几何信息和拓扑信息来找到最优的笔画匹配，虽然需要用户少量的交互介入以更正算法执行时的误差，但已有效提升了匹配效率。

在这类研究中，一部分工作尝试利用笔画的几何信息进行匹配。Chen 等人[54]将用户输入的笔画先用盘 B 样条曲线的方式表达，然后通过几何度量的方式进行笔画的匹配。该方法首先将样条曲线采样为离散点并提取 K-cosine 值，然后根据该值计算样条曲线的曲率，从而提取特征点来进行笔画的匹配。

Yang 等人[55]同样利用几何相似度进行特征的匹配。与之前方法的区别在于，此方法是基于两相邻特征点之间的局部内蕴属性相似度来进行匹配的。该方法需要大量的人工交互干预来矫正错误的匹配。

Carvalho 等人[56]利用参考线对笔画进行匹配并生成中间帧。在该算法中，输入的数据分别为动画师最初起稿的贝塞尔参考线和最终 Cel 形状。参考线能够大致描述 Cel 形状中笔画的排布结构和运动状态，类似于骨架线。该方法首先利用二分图匹配的方法将参考线进行匹配，然后根据参考线的匹配结果去除相似变换和自由变形对笔画匹配的影响，最终再次使用二分图匹配算法对所有笔画进行匹配。此外，该方法也考虑了笔画起始点的对应和多对多匹配的情况。然而，该方法不适用于夸张的几何变形和拓扑相似变化较大的笔画匹配，而且需要用户额外绘制参考线，这要求用户具有绘画方面的专业知识。此外，上述工作并没有考虑笔画的拓扑信息。

另一部分工作尝试将拓扑信息与几何信息结合。Whited[51]的匹配追踪算法（Correspondence Tracing Algorithm）采用半自动对应算法，从少量用户的交互介入结果中推断整个关键帧的对应关系。该方法将每一个关键帧上的笔画构建成图的结构，然后要求用户分别在需要匹配的两组笔画中选出初始的笔画。之后，匹配追踪算法以深度优先的方式从初始笔画出发，向同一个方向同时遍历两个图结构中的笔画。当发现当前遍历位置的两个笔画相似度小于设定的阈值时，遍历停止。该相似度度量方法与笔画的弦长和用直线连接笔画两端点后所形成的区域面积有关。该方法的局限在于当 Cel 形状发生较大的几何变形和拓扑变化时，遍历过程会中途停止，因而用户接入的交互就会增加。

与 Whited 的方法相似的工作还有 Yang[52] 提出的计算机辅助中间帧插值技术和交互系统，该技术同样能够考虑笔画上下文关系自动地构建两个关键帧之间的一对一矢量笔画匹配。该方法首先通过定义两个笔画的距离和一个阈值 K 找出每个笔画的邻接笔画，从而获得笔画的上下文拓扑关系。然后提出一个贪婪算法，从确定的起始笔画匹配开始，根据笔画拓扑关系逐步对所有笔画进行匹配。此外，该方法的作者在中间帧插值的过程中还进行了笔画上特征点的对应匹配。该方法计算速度快，且允许用户交互地矫正错误的匹配。可惜的是，该方法依然依赖于初始点的选取，而且受制于简单的笔画外蕴相似度度量。

Kort 等人[53] 提出的方法首先将每帧的笔画进行分类成组，然后建立笔画链图结构，最后通过计算代价函数来选取最优结果。但是该方法太过于依赖所制定的启发式规则，因而在很多匹配情况下该方法并不鲁棒。

Miyauchi 等人[57] 提出了在两个光栅关键帧图像中寻找笔画匹配的方法。该方法首先借助区域的邻接关系寻找 Cel 形状区域的匹配，再利用区域匹配信息寻找带有拓扑信息的笔画匹配，从而推断出所有笔画的匹配信息。在区域匹配过程中，该方法首先选取两个种子区域，然后对种子区域的邻接区域进行匹配并更新种子节点，直到找到所有的区域匹配。该方法同样局限于区分度不高的几何相似度度量方法和拓扑相似度度量方法。

Yang 等人[58]提出了模糊拓扑保持（Fuzzy Topology Preserving）的 Cel 动画笔画匹配技术。该方法提到的模糊拓扑能够保存邻接笔画内蕴的连接关系，而且考虑了两个笔画的顶点没有闭合，但在特定语境下也有拓扑关系的情况。该方法具有两个阶段，第一个阶段是通过保留模糊拓扑信息来构建高可信度的笔画匹配对，在此过程中利用笔画的匹配度对拓扑中的笔画顺序进行整理；第二个阶段是借助之前提取的高可信度的笔画匹配对执行一个贪婪的匹配算法，从而提取出剩下的所有笔画匹配。该方法允许用户在匹配的结果上进行干预和控制一对多或者多对多的笔画匹配。该方法的效率非常依赖种子笔画的初始化和选取。此外，如果输入的 Cel 形状带有较大的几何变形，尤其是带有较大的拓扑变化，该方法的效率也会随之下降。

上述相关工作的共同局限点在于 Cel 形状几何信息和拓扑信息的利用率不够高。具体来说，这些工作中提出的几何相似度度量和拓扑相似度度量的辨别能力不足，这导致如果 Cel 形状在动画过程中有较大的几何变形和拓扑变化的情况，这些方法将会得到较差的匹配效果以及冗余的用户介入。

针对上述问题，本书提出的方法利用了 Cel 形状笔画的几何和拓扑信息，而且考虑了由笔画构成的区域几何和拓扑信息，这使得可利用的信息大大增加，匹配精度相应提高。此外，本书提出的方法在计算笔画几何相似度的过程中已经对笔画进行了重新参数化，因而更适合笔画一对多匹配和多对多匹配的情况，本方法可以做到同时对 Cel 形状的区域、笔画和顶点进行匹配。

（3）基于机器学习的 Cel 形状笔画匹配方法

随着机器学习技术的发展，出现了很多基于机器学习技术解决 Cel 形状笔画匹配的方法。这些方法中大部分选择使用非监督学习或者半监督学习技术，方法思路是首先将笔画采样成采样点，然后对采样点进行对应，最后根据采样点的匹配信息找出笔画匹配。

Liu 等人[59]提出了基于块对齐框架（Patch Alignment Framework）和盘 B 样条形状上下文描述符（Disk B Spline Shape Context Descriptor）的非监督流形学习方法，用来进行 Cel 形状笔画的自动匹配。该方法的主要思想是先根据笔画上的特征点进行匹配，然后根据特征对整个笔画进行重构与匹配。在论文中，作者将 Cel 形状中的笔画表达为盘 B 样条的形式，用盘 B 样条形状上下文提取和表示笔画中的特征，并形成一个高维特征空间。通过非监督流形学习方式，该特征空间被投射在一个低维紧致子空间中，在这个子空间中仍能保持高维空间流形中特征点之间的关系，并能够通过 K-means 聚类方法将降维后的特征进行聚类。最后在类中通过线性规划方法对特征点进行匹配，根据特征点的匹配找到笔画的匹配。此外，为了解决笔画的一对一和部分对全部的情况，该方法还提出了一个笔画重建的算法，使得上述情况都能转化为笔画一对一对应匹配。然而，该方法无法解决由于区域拓扑变化而导致的笔画拓扑变化问题。

Yu 等人[60-62]继续尝试利用非监督机器学习的技术寻找 Cel 形状笔画的匹配。他们对整个 Cel 形状进行采样，根据采样点的匹配进行笔画的匹配，并提出了利用局部形状上下文描述符（Local Shape Context Descriptor）表达采样点的特征。在两个匹配的 Cel 形状笔画中，参考笔画的采样点表示为标签，而待匹配笔画的采样点则作为特征点，于是笔画匹配问题可以归结为借助给予的标签对特征点进行标注的问题。之后，Yu 等人提出了基于图的渐进式学习（Graph Based Transductive Learning）和距离度量学习（Distance Metric Learning）相结合的学习评估方法用来解决标注问题。

Song 等人[63-65]同样将问题看作采样点的标注和特征匹配问题。区别在于他们采用迭代优化方案交替进行最大后验估计（Maximum A Posteriori Estimation）和最大似然估计（Maximum Likelihood Estimation）来解决标签的设置。这类方法能够定义笔画多对多的匹配情况，也允许用户添加匹配约束到算法中以更正和优化匹配结果。但是由于该方法没有考虑笔画之间的拓扑结构，所以当两个 Cel 形状拓扑不一致的时候，该方法所得到的匹配结果不尽如人意。

Li 等人[64]提出的方法利用输入的两个关键帧图像和一个中间帧草图，对草图进行上色。该方法的核心思想是先评估草图与两个卡通视频关键帧之间的稠密跨域对应关系，然后利用一个带有遮挡评估的融合模型将草图转化为中间帧。在寻找对应关系的过程中，该方法的作者提出了自监督学习的光流学习网络，通过网络可以识别前景运动遮罩和背景，并且对于输入的图像和草图进行融合，从而实现了草图和图像的匹配。该方法不需要借助冗余的人工注释的数据标注，而且对运动幅度较大的动画仍然有效。但是如果输入的图像和草图的拓扑结构改变了，则该方法无法推断出最终生成图像的正确信息。虽然该方法能够提供基于稠密匹配的最终融合的结果，却无法提供精确的形状对应，比如某个区域到底应该与哪个区域对应。此外，该方法要求输入的图像背景保持一致，但是在动画生产中，前景和背景都是分开制作的，这导致如果用户只输入前景的角色并进行匹配，则该方法无法生成较好的效果。

上述方法需要用户提供训练数据样本，而且仍然没法解决 Cel 形状几何变化过大或者拓扑结构改变过多的情况。这些方法对笔画的几何特征提取和采样的要求较高。此外，这些方法框架中很难允许用户进行交互介入。本书提出的方法不需要用户提供学习样本，且对较大几何变形和遮挡所产生的拓扑变化依然鲁棒。

总之，现有的 Cel 形状笔画匹配方法无法较好地处理 Cel 动画形状发生较大形变和拓扑改变的情况，且仍然需要较多用户交互进行干预。现有方法所使用的笔画相似度度量无法有效区分笔画的几何差异，笔画拓扑信息的利用率也不高。基于机器学习技术的笔画匹配虽然能够解决笔画的退化和衍生情况，但需要提供动画样本作为支持。我们的方法充分利用了 Cel 形状多维度的拓扑结构，提高了带有较大拓扑变化情况下的笔画匹配精度。利用形状空间理论考虑笔画弹性形变的影响和相似变换的影响，有效区分了笔画几何差异。本书提出的方法无须提供过多的参照形状和学习样本，能够做到在几何和拓扑发生较大变化的情况下依然鲁棒。

三、研究思路及主要研究内容

根据上述相关工作的分析，目前 Cel 动画形状匹配问题总结如下。

● 在 Cel 动画形状匹配过程中，两个关键帧之间的 Cel 动画形状通常会出现较大的几何变形和拓扑变化，这要求方法能够精确计算几何与拓扑的相似度。

● 在 Cel 动画形状匹配过程中，需要对用户进行实时反馈，允许用户对匹配进行交互干预，这要求方法有较高的处理效率。

● 在 Cel 动画形状匹配过程中，需要精确构建相同维度元素之间的匹配以及不同维度元素之间的匹配，这要求方法能够充分利用不同维度元素的信息。

● 在 Cel 动画形状匹配过程中，Cel 动画形状会因为遮挡或者变形发生元素退化或衍生的情况，这要求方法能够处理一对多、多对多或者部分对整体的匹配情况。

针对上述问题，本书提出了多种算法，引入了基于形状空间理论的拓扑与几何相似度度量方法，提出了可量化的 Cel 形状匹配评估措施，并通过具有代表性的现实案例进行测试。

1. 研究方法思路与路线

本方法的具体思路是通过对 Cel 形状的几何和拓扑结构建立表达，提取 Cel 形状的几何和拓扑属性信息。通过寻找适合的相似度度量计算 Cel 形状之间几何与拓扑差异。针对 Cel 形状匹配中的问题，本方法利用拓扑与几何相似度度量方法提出相应的方法框架，具体技术路线如下。

● 为了利用 Cel 形状的几何和拓扑信息，需要研究 Cel 动画形状区域、笔画以及顶点的几何表达方法和拓扑表达方法，所研究的几何表达方式需要能够完全描述 Cel 形状中各种元素的几何特征，帮助算法框架更快地计算 Cel 形状之间的几何相似度。对于 Cel 形状的拓扑表达，不仅需要描述 Cel 形状中相同维度元素之间的邻接关系，还需要存储不同维度元素之间的层级关系。对于邻接关系需要进行进一步分类，以便能够定量和定性地区分拓扑结构的差异。基于几何和拓扑表达能够方便地对 Cel 形状中的元素进行拆分、融合、重构操作。

- 基于 Cel 形状的几何和拓扑表达，需要研究 Cel 形状中相同维度元素间的几何相似度与拓扑相似度度量方法。在 Cel 形状几何相似度度量部分，引入能够度量区域或笔画内蕴几何差异的方法，即几何相似度测量结果不受平移、缩放和旋转等相似变换和参数化的影响。该方法计算高效且对 Cel 动画过程中发生较大的形变鲁棒。在 Cel 形状拓扑相似度度量部分，要求能够用定量的方式区分差异，能够将拓扑差异通过处理转化为几何差异，统一通过几何相似度度量方法进行计算。

- 基于几何和拓扑相似度度量方法，从 Cel 形状的区域维度入手，研究构建精确的 Cel 形状区域自动匹配框架。所研究的框架需要满足两个条件，一个条件是匹配的区域之间的几何属性尽量相似，另一个条件是拓扑关系要尽量一致。精确自动匹配方法是在考虑两种约束条件的情况下找到全局最优的一对一区域匹配。

- 为了能够提高 Cel 形状匹配的处理效率，满足动画师对 Cel 形状匹配可操控性的要求，研究构建实时的可交互区域匹配框架。要求在保证较高匹配准确率的同时提高运算速度，能够实时反馈用户处理结果，并且允许用户通过较少的交互介入，调整匹配结果。同时研究搭建 Cel 形状匹配交互平台，提高用户的创作效率。

- 借助 Cel 形状的区域匹配方法，研究 Cel 动画形状多维度匹配框架，其中包括区域、笔画以及顶点等不同维度元素的匹配。该方法关注不同维度元素之间拓扑关系的表达和利用。需要解决一对多的笔画匹配问题以及跨维度的元素匹配问题。

2. 研究内容

本方法主要包括 3 个 Cel 形状匹配方法，如图 1-7 所示。

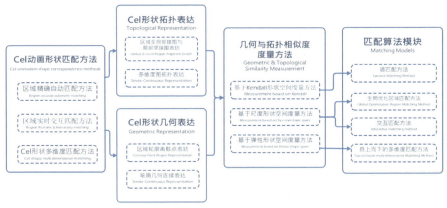

图 1-7　研究内容框架结构

（1）区域精确自动匹配方法

研究内容为将 Cel 动画区域匹配看作二次分配问题，即在满足区域几何相似度与邻接区域对拓扑相似度尽量接近的条件下，找到全局最优的区域匹配。研究内容分为 3 个部分，首先将 Cel 动画形状中的所有区域构建为平面区域邻接矩阵，并对所有区域进行离散点采样；其次将两个形状中所有区域匹配候选构建成 Cel 形状伴随图，该图可以嵌入区域间的几何相似度和邻接区域对的拓扑相似度；最终将该图转化为矩阵的形式，并用谱匹配的方法找出全局最优的区域匹配。在构建 Cel 形状伴随图的过程中引入 Kendall 形状空间理论进行区域几何和拓扑相似度的度量。

（2）区域实时交互匹配方法

该方法的研究内容为将 Cel 动画区域匹配问题看作二分图的匹配问题。研究内容分为两个部分，首先使用平面区域邻接图和离散采样点来表达所有区域的拓扑和几何信息；然后提出局部邻接区域匹配方法，通过基于尺度形状空间的相似度度量方法和 Hungarian 算法找出一对区域周围所有邻接区域的匹配；最后允许用户分别设置两个 Cel 形状区域起始种子节点，从起始点出发，分别遍历两个 Cel 动画形状所构成的平面区域邻接图，每当遍历到一个点，就对其进行局部邻接区域匹配，更新种子节点并继续图的遍历直到找到所有一对一的区域匹配。此外，该部分研究内容包括可视化 Cel 形状匹配交互平台。

（3）Cel 形状多维度匹配方法

研究内容为将 Cel 动画形状中区域、笔画和顶点的匹配看作多维度图匹配问题。该图的每个层级分别代表 Cel 动画形状中不同维度的元素，即区域、笔画和顶点，且阶层内的结构表示元素之间的邻接信息，而阶层之间的结构表示包含信息。这部分内容首先提出一个自上而下的方法解决该图匹配问题，通过上述区域匹配方法，将顶层的节点进行匹配，然后根据几何、拓扑相似度信息和阶层之间的拓扑关系逐步对下层节点进行匹配。本书提出了笔画重新参数化方法，使一对多和多对多的笔画匹配通过笔画分割和融合方法转化为一对一的匹配。这部分研究内容还包括引入弹性形状空间理论用来计算 Cel 形状笔画间的几何相似度。

四、组织框架

本书组织框架包括绪论、相关理论介绍、Cel 动画区域的精确自动匹配方法、Cel 动画区域的实时交互匹配方法与 Cel 动画形状多维度自动匹配方法以及总结。

第一章主要解释了什么是 Cel 动画和 Cel 形状匹配，介绍了 Cel 形状匹配的意义，描述了 Cel 形状匹配的技术难点和常见问题，对国内外研究现状和成果进行了梳理，通过阐述思路与研究路线，提出本书对 Cel 动画研究的主要内容。

第二章主要介绍本书提出的解决方案中涉及的理论知识，其中包括黎曼几何基础理论、形状空间理论以及分配问题相关理论。本章从黎曼几何与形状空间的概念出发，着重介绍离散的形状空间与连续形状空间的基本原理与特点及优缺点。在分配问题相关的介绍中，着重描述了线性分配和二次分配的概念、类型以及解决方法。

第三章提出了一个基于 Cel 形状伴随图和谱匹配的 Cel 形状区域精确匹配方法，描述了将区域的精确匹配问题公式化为二次匹配问题的过程，展示了整个方法的流程框架以及框架中各个部分之间的关系。在 Cel 形状区域表达部分中介绍了 Cel 形状的几何离散表达和区域邻接图表达。在几何相似度度量部分描述了通过 Kendall 形状空间来计算二维区域几何相似度的方法和流程。本章介绍了 Cel 形状伴随图刻画了怎样组织和存储区域匹配候选的拓扑差异和几何差异。随后介绍了怎样利用该伴随图和谱匹配方法找到全局最优的一对一区域匹配。本章利用动画案例的测试，通过与现有代表性匹配方法进行比较，说明了该方法的有效性并讨论了方法的不足。

第四章提出了一个基于尺度形状空间和启发式邻接图遍历的 Cel 形状区域实时交互匹配方法。相对于精确自动匹配，本方法将区域匹配问题简化为线性分配问题。本方法详细阐述了怎样构建二分图以及权值赋值过程以及整个框架结构。在局部邻接图匹配部分，描述了通过基于尺度形状空间的相似度度量方法和局部邻接区域匹配过程。本章解释了全局优化区域匹配过程，介绍了基于区域实时交互匹配方法的可视化交互平台，允许用户通过平台对匹配结果进行修改。本章利用该平台对区域实时交互匹配方法进行测试，通过与现有方法在匹配准确率、时间消耗以及交互效率等方面的比较来讨论方法的优缺点。

第五章提出了一个基于多维度图的多维度自动匹配方法。该方法将 Cel 形状中同维度和跨维度的元素匹配问题看作多维度图的匹配问题，并将该问题公式化为多目标二次分配问题。在流程框架中引入了多维度图的构建、自上而下的匹配算法以及基于离散形状空间和连续形状空间的几何相似度度量方法。在几何相似度度量部分，本章着重描述了基于弹性形状空间的笔画几何相似度度量方法与计算过程。在多维度图部分，本章解释了该图的结构以及将 Cel 形状转化为该图的过程。在自上而下的匹配算法中，本章介绍了怎样利用高层级的匹配结果进行低层级的匹配以及怎样构建跨维度的元素匹配。在实验部分，本章对比了区域的匹配结果、笔画的匹配结果以及当 Cel 动画中出现元素退化或衍生时的匹配结果。

第六章总结了方法内容和效果，梳理了本方法的优点和不足，并对未来 Cel 形状匹配方法的发展方向提出了构想以及对可能延伸的新研究方向进行了展望。

第二章 相关理论

本书涉及的理论基础包括黎曼几何基本理论、形状空间理论和分配问题相关理论。形状空间理论是对几何物体的形状信息进行建模和分析的理论，其理论涵盖了黎曼几何的相关知识。本书引入形状空间理论，对 Cel 形状的几何属性差异进行计算；引入分配问题的理论和方法构建 Cel 形状的匹配框架。

本章首先介绍黎曼几何的相关基础，主要包括黎曼流形和度量、Lie 群与群作用以及商空间。之后描述形状空间的相关理论，其中包括形状空间的概念、Kendall 形状空间、尺度形状空间以及弹性形状空间的思想与应用。关于分配问题的相关理论，本章着重介绍分配问题的定义、不同的分配问题模型，以及针对各种分配问题的解决方案。

一、黎曼几何

形状空间理论是一种在黎曼几何框架下对几何物体的形状信息进行建模和分析的理论[66-68]。本节在介绍形状空间之前，先对其用到的黎曼几何的基础知识进行简单的回顾。

1. 黎曼流形与黎曼度量

流形（Manifold）可以视为一个拓扑空间，其局部可以理解为一个欧几里得空间，如图 2-1 所示，其数学定义如下。

M 为一个豪斯多夫空间（Hausdorff space），对于该空间上的任意一点 $p \in M$ 都存在一个开邻域 ω 和 d 维欧氏空间中的一个开子集同胚，则 M 称

为 d 维流形[69]。

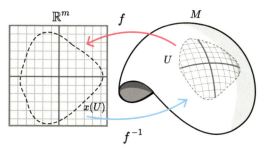

图 2-1 流形基本概念

任何欧氏空间子集的光滑边界都是流形。从流形到局部空间的同胚变换可以称为一个局部坐标卡 (U,φ)。一个子流形可以描述为一个流形的子集，它本身也是一个流形但是维度要低。任何一个流形都可以嵌入 $\mathbb{R}^N$，其中 $N=2n+1$。

黎曼几何的一个重要基础概念是微分流形（光滑流形）。一个微分流形是一种特殊流形，它具有全局定义的微分结构。一个 k 维微分流形 M^k 就是一个赋予了微分结构的 k 维拓扑流形[70]，如图 2-2 所示，其定义如下。

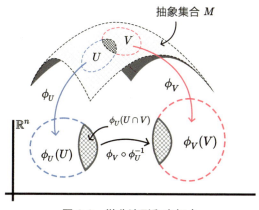

图 2-2 微分流形和坐标卡

给一个流形 M，其 M 上的任意两个局部坐标卡 (U,ϕ_U)，(V,ϕ_V)。它

们满足 $U \cap V = \phi$，或者当 $U \cap V \neq \phi$ 时，$\phi_V \circ \phi_U^{-1}$ 与 $\phi_U \circ \phi_V^{-1}$ 局部坐标变换为 C^∞ 光滑函数，则 M 为微分流形，也称作光滑流形[71]。

我们可以直观地理解为流形上每一点 p 都会有一个局部的区域，即坐标卡 U，方便我们在流形上进行局部的运算。流形就是将一个个小的局部区域拼接在一起成为一个流形，这些局部区域之间有重叠的区域必须保证局部变换下光滑。由于微积分的大部分内容涉及局部构造，而微分流形的局部与欧氏空间相似，所以在微分流形上我们可以获取很多操作工具，如获取函数的梯度、计算切向量，以及其他多元微积分的构造。我们可以利用微分流形研究流形上的内蕴属性，也就是等距变换下不变的几何属性。

流形中的另一个重要的概念为切空间，如图 2-3 所示。给一条在 M 上可微的曲线，$\gamma(t) \in M, t \in \mathbb{R}$，其中 $\gamma(0) = p$。在 p 处的切向量可以表示为式（2-1）。

$$\gamma'(0) = \lim_{t \to 0} \frac{d\gamma}{dt} \qquad (2\text{-}1)$$

单位切向量可以表示为 $\xi = \gamma'(0)/\|\gamma'(0)\|$。通过切向量的描述，切空间则可以定义为通过 p 的所有曲线的切向量 $\gamma'(0)$ 的集合称为 M 在 p 处的切空间 $T_p(M)$。

在给定关于 p 点的局部坐标系后，$T_p(M)$ 的一组基底可以表示为 $\left\{ \left. \frac{\partial}{\partial u^i} \right|_p \right\}_{i=1}^m$。因此，切向量可以用基底的线性组合给出。

基于上述两个概念我们可讨论黎曼流形（Riemannian manifold）[72]的定义，如下所示。

给一个微分流形 M，在 M 上任意一点 $x \in M$ 的切空间 T_xM 处都定义了一个内积，则 M 称为黎曼流形。

我们可以直观地理解为黎曼流形就是一个带有黎曼度量的微分流形[73]。给一个关于 $x \in M^k$ 的正定对称矩阵 $\mathbf{g}_x$，其定义了一个在切空间 $T_x(M^k)$ 上的内积。具体为，考虑在 $T_x(M^k)$ 两个切向量 $\sum_i a_i(x) \partial_i(x)$ 和

$\sum_i b_i(x)\partial_i(x)$,我们可以用式(2-2)定义这些切向量的内积。

$$< \sum_{i=1}^{k} a_i(x)\partial_i(x), \sum_{j=1}^{k} b_j(x)\partial_j(x) > = \sum_{i=1}^{p}\sum_{j=1}^{k} g_{ij}(x) a_i(x) b_j(x) \quad (2\text{-}2)$$

由 $g_{ij}(x)$ 构成的矩阵 $\mathbf{g}_x$ 可以形式化为式(2-3)。

$$\mathbf{g}(x) = \begin{pmatrix} g_{11}(x) & g_{12}(x) & \cdots & g_{1k}(x) \\ g_{21}(x) & g_{22}(x) & \cdots & g_{2k}(x) \\ \vdots & \vdots & \vdots & \vdots \\ g_{k1}(x) & g_{k2}(x) & \cdots & g_{kk}(x) \end{pmatrix} \quad (2\text{-}3)$$

该 $\mathbf{g}_x$ 可以称为流形 M^k 的黎曼度量张量[70],简称度量张量。

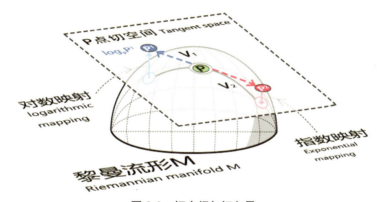

图 2-3 切空间与切向量

给定一个在黎曼流形 M^k 上的光滑路径 $x(t)$,该路径在 t 时刻的切向量可以表示为式(2-4)。

$$\dot{x}(t) = \sum_{p=1}^{k} \frac{\mathrm{d}x_p(t)}{\mathrm{d}t} \partial_p(t) \quad (2\text{-}4)$$

其中 $x_p(t)$ 是 $x(t)$ 第 p 个坐标,$\partial_p(t) = \partial_p[x(t)]$ 是 $T_x(M^k)$ 上第 p 个基向量。对于任意一个 t 时刻,$\dot{x}(t)$ 的长度可以表示为式(2-5)。

$$\gamma(t) = \|\dot{x}(t)\| = \sqrt{\langle \dot{x}(t), \dot{x}(t) \rangle} \quad (2\text{-}5)$$

进一步可以将向量的长度表示为式(2-6)。

$$\gamma(t) = \sqrt{\sum_{i=1}^{k}\sum_{j=1}^{k} g_{ij}(t)\dot{x}_i(t)\dot{x}_j(t)} \qquad (2\text{-}6)$$

其中 $g_{ij}(x)$ 是 $x(t)$ 度量张量的值。基于上述表达，沿着路径 $x(\cdot)$ 从参数 $t=t_0$ 到参数 $t=t_1$ 的长度 L 可以描述为式（2-7）。

$$L = \int_{t_0}^{t_1} \mathrm{d}s = \int_{t_0}^{t_1} \gamma(t)\mathrm{d}t \qquad (2\text{-}7)$$

在很多情况下，弧长函数一旦确定，黎曼流形的构造也就清晰了。

一条测地路径（测地线）可以简单地理解为黎曼流形上两点之间长度最短的路径。可以将测地距离定义为如图 2-4 所示。

假设黎曼流形 M^k 是道路连通的，那么对于任意两点 $x,y \in M^k$ 存在一条光滑路径 $x(t)$ 使得 $x(t_0)=x, x(t_1)=y$。从 x 到 y 的最短路径的长度为测地距离。

比如我们在一个球上可以看到两点之间有无数条路径，最短的路径是经过两点的大圆的弧线，该弧线的长度则是我们所要的测地距离 $x(t)$[74]，如图 2-4 所示。

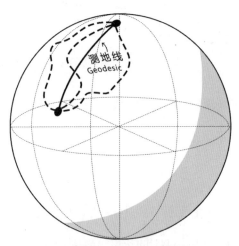

图 2-4 球体上两点的测地距离

假设在 M 上 p 点的切空间中存在一个切向量 $v \in T_p(M)$ 通过 p，那么将会有唯一的一条测地线 $\varepsilon(t)$ 穿过 p 点，其初始切向量为 $\varepsilon'(0)=v$。它们相对应的指示映射和对数映射如式（2-8）和式（2-9）。

$$\exp_p(v) = \gamma(1) \quad (2\text{-}8)$$

$$\log_p[\gamma(1)] = v \quad (2\text{-}9)$$

2. Lie 群与群作用

Lie 群理论的核心之一是研究连续变换群性质和分类，其中的应用方向在于利用 Lie 群对几何进行分类[75]。同样，其在形状空间中的应用简单来说也是在进行分类，即寻找形状上的等价类。群（Group）是一个集合加上一种运算的代数结构，我们可以把一个群记作为 $G=(S,\cdot)$，其中 S 代表一个集合，·代表运算，其满足封闭性、结合律、幺元、逆等。Lie 群是一种特殊的群，也是一个流形。

Lie 群是一个带有两种结构的集合 G，这两种结构可以分别描述为一个群或一个流形。这两种结构满足以下条件，即乘法运算 $G \times G \to G$ 和逆映射 $G \to G$ 都是光滑映射[76]。

一个 Lie 群 G 的 Lie 子群 H 既是一个子群，也是子流形。我们通常见到的线性代数群都是 Lie 群[77]，比如 $GL(n)$、$SL(n)$、$O(n)$ 等[78]。

每个 Lie 群都有与之对应的 Lie 代数结构，Lie 代数是 Lie 群单位元处切空间上的代数结构，它完全刻画了对应 Lie 群的局部性质。根据群的定义我们可知，对于 Lie 群所在流形上的元素进行操作后，结果仍然落在该流形上。而这些操作具备变换其他集合元素的能力，这种能力则是 Lie 群的群作用（Action）[79]，具体定义如下。

一个 Lie 群 G 对流形 M 的群作用是给每一个 g 元素 $g \in G$ 存在一个微分同胚映射 $\Phi(g) \in \text{Diff}(M)$，使得 $\Phi(e \cdot p) = p$、$\Phi(gh) = \Phi(g)\Phi(h)$ 以及式（2-10）所示映射是一个光滑映射。

$$G \times M \to M : (g, p) \mapsto \Phi(g) \cdot p, g, h \in G, p \in M \quad (2\text{-}10)$$

根据群作用的描述，我们可以引出形状空间理论中的重要概念，轨道（Orbit）和轨道空间（Orbit Space），定义如下。

令 G 作用在一个流形 M 上，对于所有的点 $p \in M$ 我们都可以定义它们的轨道 $[p]$[73]，所有的轨道构成的集合称为轨道空间，如式（2-11）。

$$[p] = \{g \cdot p \mid g \in G\} \quad (2\text{-}11)$$

比如在一个球上的纬线就是旋转群 $SO(2)$ 在流形 S^2 上旋转作用的轨道。如果点 p 在群 G_p 的作用下固定不变，即形成的轨迹是一个点，那么 G_p 是关于点 $p \in M$ 的各向同性群（Isotropy Group），也称为稳定子群（Stabilizer），如式（2-12）。

$$G_p = {g \in G : g \cdot p = p} \quad (2\text{-}12)$$

基于 Lie 群和群作用的解释，我们进一步给出等距群作用（Isometry Group Action）的概念。任意给一个黎曼流形 M。令 $(g, p) \mapsto g \cdot p = \Phi_g(p)$ 是一个群 G 作用于 $p \in M$ 点，如果在该群作用下 p 点切空间的微分结构是等距同构的，如式（2-13）。

$$d\Phi_g : T_p M \mapsto T_{g \cdot p} M \quad (2\text{-}13)$$

该群作用则被称为等距群作用，也被称为等距映射。Lie 群和群作用的概念有助于理解形状空间理论中形状在相似变换作用下保持不变这一命题，而等距群映射会在形状空间的度量中提及。

3. 商空间与商度量

在形状空间中使用了一个重要的概念即商空间（Quotient Space），定义如下。

给一个流形 M 和一个 Lie 群 G，我们通过一种等价关系找到一个等价类集合。这个等价关系是由 G 的群作用产生。这个等价类则是 M 上的轨道 $[p]$，则商空间是 M 商掉 G 产生的轨道的集合，记作式（2-14）。

$$M / G = \{[p] \mid p \in M\} \quad (2\text{-}14)$$

通过定义我们很容易看出 $p \sim p' \Leftrightarrow p' \in [p]$ 是一种等价关系，且商空间的主要目的就是根据等价关系构造等价类。商空间不一定是一个流形。如果商空间是一个光滑流形，那么就可以在 M/G 上定义一个黎曼结构

$(M, \bar{\eta})$。假设 $\pi: M \to M/G$ 是浸没的,且 G 的群作用是等距群作用。那么我们可以在 M/G 上装备一个黎曼度量。该度量可以借助流形 M 的度量、M 上的轨迹以及水平切空间来进行表达,具体描述如式(2-15)。

$$\bar{\eta}(v, w)_{[p]} = \eta\left[\left(\mathrm{d}\pi_p\right)^{-1} v, \left(\mathrm{d}\pi_p\right)^{-1} w\right]_p \quad (2\text{-}15)$$

其中,v 和 w 是商空间中点 $[p] \in M/G$ 所构建的切空间 $T_{[p]}M/G$ 上的两个切向量。$\mathrm{d}\pi_p$ 是关于 T_pM 水平切空间与 $T_{[p]}M/G$ 的同构映射,如式(2-16)。

$$\mathrm{d}\pi_p|_{H_pM}: H_pM \to T_{[p]}M/G \quad (2\text{-}16)$$

其中 H_pM 是 M 上 p 点的水平切空间。它是 M 上 p 点切空间 T_pM 与轨道 $[p]$ 水平的部分,也是与轨道 $[p]$ 垂直的部分 $T_p[p]$ 的正交空间。H_pM 和 $T_p[p]$ 共同描述切空间 T_pM,如式(2-17)。

$$T_pM = T_p[p] \oplus H_pM \quad (2\text{-}17)$$

由式(2-15)可以看出,商空间并不受制于轨道上点 $p \in [p]$ 的选取,且很好地定义了一个 $T_{[p]}(M/G)$ 上的内积。令 $p' = g \cdot p \in [p]$,根据等距群作用和式(2-13)可知,T_pM 和 $T_{g \cdot p}M$ 具有相同的微分结构,那么根据式(2-16)中的 $\mathrm{d}\pi_p$ 与 $\mathrm{d}\pi_{g \cdot p}$,我们可以推断出平行空间 H_pM 和 $H_{g \cdot p}M$ 同样保持 T_pM 和 $T_{g \cdot p}M$ 上的度量,如图 2-5 所示。因此,轨道上的度量被转化为水平切空间 H_pM 上的度量,即商度量(Quotient Metric)。

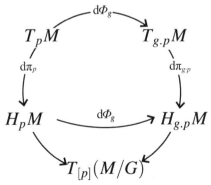

图 2-5 切空间上的度量与水平切空间上的度量之间的转化

根据黎曼结构以及基于 M 的黎曼度量表示的商度量，我们可以依照测地线和测地距离的定义，给出商空间中相应的概念。首先，我们给出 M 上的平行测地线（Horizontal Geodesic）的定义。

给一条在 M 上的曲线 $\gamma:[a,b]\to M$，如果对于所有 $t\in[a,b]$ 满足 $\dot{\gamma}(t)\in H_{\gamma(t)}M$，那么该曲线是水平的，一条水平测地线即是测地线，也是水平线。

利用水平测地线的概念我们可以描述商空间中的测地线。如果一个流形 M 是完备且连通的，一条商空间上的测地线 $\gamma':[a,b]\to M/G$ 可以通过 $p\in\pi^{-1}[\gamma(a)]$ 被水平提升成 M 流形上的一条地线 γ，使得 $\gamma=\pi\circ\tilde{\gamma}$ 以及 $\tilde{\gamma}(a)=p$。我们可以理解为 M/G 上的测地线 γ' 是 M 上水平测地线 γ 的投影 $\pi\circ\gamma$。又由于 $\mathrm{d}\pi|_{H_pM}$ 是等距的，那么在商空间中 γ 的长度可以利用它的投影来表示，具体如式（2-18）。

$$L_M[\gamma]=\int\|\dot{\gamma}(\tau)\|\mathrm{d}\tau=\int\|\mathrm{d}\pi\dot{\gamma}(\tau)\|\mathrm{d}\tau=\int\left\|\frac{\mathrm{d}}{\mathrm{d}\tau}[\pi\circ\gamma(\tau)]\right\|\mathrm{d}\tau=L_{M/G}[\pi\circ\gamma] \quad (2\text{-}18)$$

根据上述公式可知，如果一条曲线 γ 在 M 上是长度最小化的曲线，那么即使将其限制在水平曲线上，它同样也具有最小化的长度。如果我们将 M/G 中的测地线提升为 M 中的一条水平测地线，那么 $\pi\circ\gamma$ 在 M/G 上也是长度最小化的。因此，商空间两点 p,q 之间测地距离可以表示为式（2-19）。

$$\mathrm{d}_{M/G}(p,q)=\inf\{L_{M/G}[\gamma]|\gamma:[0,1]\to M/G,\gamma(0)=[p],\gamma(1)=[q]\} \quad (2\text{-}19)$$

在理论的应用中，有时商空间不再具有流形的性质，或者很难利用上述度量进行计算。为了解决该问题，通常需要构建一个简单的流形 M，将问题转化为在流形 M 上进行最优化的问题。因此，我们将商空间距离计算公式简化为式（2-20）。

$$\mathrm{d}_{M/G}(p,q)=\inf_{g,h\in G}\mathrm{d}_M(g\cdot[p],h\cdot[q])=\inf_{g\in G}\mathrm{d}_M([p],g\cdot[q]) \quad (2\text{-}20)$$

其中优化问题可以定义为如下内容。

令 $p,q\in M/G$ 是商空间中的两个点，以及 M 上对应的轨道 $[p]$ 和 $[q]$。

如果存在一个群作用 $g \in G$ 使得式（2-21）成立

$$\mathrm{d}_{M/G}(p,q) = \mathrm{d}_M([p], g \cdot [q]) \qquad (2\text{-}21)$$

那么，我们称 p 和 $g \cdot q$ 是一个最优的对齐（Optimally Registered）。

该度量不依赖商空间的黎曼度量。即使 M/G 不是一个光滑流形，$\mathrm{d}_{M/G}(p,q) = \inf\limits_{g \in G} \mathrm{d}_M([p], g \cdot [q])$ 仍然成立，其中证明过程可以参考相关文章[80]，本书不再赘述。

二、形状空间

基于黎曼流形、Lie 群以及商空间等概念，可以对形状空间进行描述。形状空间理论框架可以提供一系列工具来解决非线性的形状建模与分析问题。相对于线性空间，形状空间理论能够摆脱欧氏空间的限制，专注在形状的内蕴几何特征，其几何分析方法更加灵活和鲁棒。形状的表达可以是自定义标注点（Landmarks）[81]，比如对应在每个物体上根据某种规则提取的特殊位置点；也可以是连续的曲线或者轮廓线，比如贝塞尔曲线、B 样条曲线等。根据不同的表达和商掉不同的群作用，形状空间可以分为离散形状空间、尺度形状空间和连续形状空间。下面对上述模型和应用进行介绍。

1. Kendall 形状空间

Kendall 形状空间是形状空间理论早期的应用，是一种以离散特征点为形状表达的形状空间，也被称为离散形状空间。Kendall 是第一个提出在黎曼框架下分析形状的学者[82]。在 Kendall 形状空间理论中，形状可以描述为一个物体通过相似变换过滤后所剩的所有几何信息。物体未经任何操作的形状我们称为原始构型（Original Configuration）。原始构型去除位置和缩放影响后所保留的信息，我们称之为预形状（Pre-Shape）。原始构型经过移除平移与旋转作用后，所保留的几何信息被称为尺寸形状（Size-and-Shape）。图 2-6 描述了上述关系。

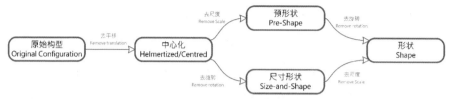

图 2-6 从原始构型到形状的演化

根据上述演化就可以将 Kendall 形状空间描述为如下内容。

Kendall 形状空间是有关一个物体所有可能具有的形状的集合。通常，一个 Kendall 形状空间 Σ_m^k 是物体所有的构型在相似变换群作用下所构成的轨道空间。

在该定义中，一个物体所有构型的集合可以形成一个流形空间 M，称为构型空间。一个构型可以表示为由 k 个 m 维标记点构成的向量 m-vector，记作 $X=\{x_1,x_2,\cdots,x_k\}$，其中 X 不能重合为一个点。X 也可以利用一个 $k\times m$ 的构型矩阵来表示。所有构型构成的集合构成一个流形空间 M 称为构型空间，表示为式（2-22）。

$$M = \mathbb{R}^{m\times k} \setminus \{0\} \tag{2-22}$$

相似变换群是指由相似变换矩阵构成的 Lie 群 G_{sim}。相似变化群作用 ϕ 可以描述为一个相似变换群 G_{sim} 在流形 M_s 上的光滑作用 Φ，如式（2-23）。

$$\begin{aligned}\Phi &: G_{\text{sim}}\times M_s \to M, (g,p)\mapsto \Phi(g,p) \\ \Phi(g\cdot h,p) &= \Phi(g,\Phi(h\cdot p)), \Phi(e,p)=p \\ g,h &\in G_{\text{sim}}, p\in M_s\end{aligned} \tag{2-23}$$

不同的变换，例如缩放、平移和旋转都可以直观地看作光滑作用在流形上的 Lie 群，即相似变换群。上文的轨道在这里则可以描述为 M 上的一点 p 在相似变换群作用下所得的形状构成的集合，表示为式（2-24）。

$$[p]=\{g\cdot p\in M_s\mid g\in G_{\text{sim}}\} \tag{2-24}$$

轨道空间是所有轨道的集合。如果用直观的方式描述形状空间的概念，我们可以将其视作一个物体，去除平移、缩放和旋转等价关系后形成的所有形状构成的空间。如果将构型空间看作黎曼流形 M，将相似变换群看作各向同性群 G。那么根据之前提到的商空间定义，形状空间可以看作 M 在相似变换群 G 作用下的商空间，其表示为式（2-25）。

$$M_s/G_{\text{sim}} = \{[p] | p \in M_s\} \quad (2\text{-}25)$$

Kendall 形状空间中的度量则根据商度量定义表示为式（2-26）。

$$d_{M_s/G_{\text{sim}}}(p,q) = \inf_{g \in G_{\text{sim}}} d_{M_s}([p], g \cdot [q]) \quad (2\text{-}26)$$

该距离也可以理解为对于一个物体形状的内蕴几何差异。根据上述概念，我们先从 Kendall 空间中 G_{sim} 的群作用入手，进行详细的理解。

（1）去除相似变换影响

在 Kendall 空间中，G_{sim} 具体分为平移 $G_T = R^m$，缩放 $G_S = R^+$ 和旋转 $G_R = \text{SO}(m)$，其中 $\text{SO}(m)$ 是我们之前提到的特殊正交群。对应的群作用如式（2-27）。

$$\begin{aligned}(t, X) &\mapsto (x_1+t, x_2+t, \cdots, x_k+t) = X + t\mathbf{1}_k \quad (\text{平移}) \\ (\omega, X) &\mapsto (\omega \cdot x_1, \omega \cdot x_2, \cdots, \omega \cdot x_k) = \omega \cdot X \quad (\text{缩放}) \\ (\Gamma, X) &\mapsto (\Gamma x_1, \Gamma x_2, \cdots, \Gamma x_k) = \Gamma X \quad (\text{旋转})\end{aligned} \quad (2\text{-}27)$$

其中 $\mathbf{1}_k = (1, \cdots, 1) \in \mathbb{R}^{1 \times k}$。根据上述公式可以观测出我们无法同时去除上述群作用，因此应该分阶段地进行处理。去除的各个阶段的难度不同，比如去除位置影响和去除尺寸影响都是线性变换，相对比较简单直观，而去除旋转变化则要复杂很多。下面我们简单介绍各个阶段的处理过程。

① 去除平移影响

平移（Translation）是通过在每个点的坐标上添加一个常向量 m-vector 而得到的。平移影响是最容易从构型中去除的。通常我们可以用两种方法去除该影响。第一种方法是利用中心化坐标去除平移的影响，该坐标表示为式（2-28）。

$$X_C = CX, C = I_k - \frac{1}{k}\mathbf{1}_k^T \mathbf{1}_k = \sum_k \quad (2\text{-}28)$$

其中 C 是一个 $k \times k$ 的对角矩阵，它将 X 的质心 $\bar{X} = \frac{1}{k}\sum_{i=1}^{k} X_{(i)}$ 移动至坐标

原点。第二种方法是将构型矩阵乘以一个合适的矩阵 X_H，如式（2-29）。

$$X_H = HX \in \mathbb{R}^{(k-1)m} \setminus \{0\} \tag{2-29}$$

我们把 X_H 称为赫尔默特中心化坐标，H 称为赫尔默特矩阵[83]。这两种方法可以通过式（2-30）进行变换。

$$H^T X_H = H^T HX = CX,$$
$$H^T H = I_k - \frac{1}{k} 1_k 1_k^T = C \tag{2-30}$$

②去除缩放影响

在去除尺度影响之前，我们需要定义什么是尺度。为此，Kendall 形状空间理论定义了一个构型 X 的尺度（Scale）为尺寸的度量标准 $S(X)$。这是一个关于构型矩阵的正实值函数，其满足式（2-31）的条件。

$$S(\omega X) = \omega S(X), \omega > 0 \tag{2-31}$$

我们可以用 Frobenius 范数 $\|\cdot\|$ 表示尺度并通过构型除以该范数以去除构型的大小，如式（2-32）。

$$S(X) = \|X\| = \sqrt{\mathrm{tr}(XX^T)} \tag{2-32}$$

通过中心化的概念可以表示一个构型的中心尺度（Centroid Size）为式（2-33）。

$$S(X) = \sqrt{\sum_{i=1}^{k} \left\|X_{(i)} - \bar{X}\right\|^2} = \|XC\|, X \in \mathbb{R}^{k \times m} \tag{2-33}$$

因此去除尺度的形状可以看作形状除以其 Frobenius 范数所得到的结果。

③去除旋转影响

同样，我们首先给出关于一个构型旋转（Rotation）的概念。一个构型旋转是 $k \times m$ 构型矩阵 X 右乘一个 $m \times m$ 旋转矩阵 Γ 变化得来的。Γ 满足条件 $\Gamma^T \Gamma = \Gamma \Gamma^T = I_m$ 以及 $\det(\Gamma) = 1$。旋转矩阵是一个特殊正交矩阵。

根据定义可以看出，构型旋转和一个旋转矩阵有关，而所有旋转矩阵的集合符合 Lie 群的概念，即特殊正交群 SO(m)。SO(m) 是正交群的 Lie 子群。它是一个由 $m \times m$ 矩阵 A 构成的集合，它们内积和逆都是特殊正交的[84]，表示为式（2-34）。

$$SO(m) = \{A \in GL(m) | A^t A = 1, \det A = 1\} \quad (2\text{-}34)$$

该群可以理解为 $\mathbb{R}^m$ 的旋转群。比如平面 $\mathbb{R}^2$ 围绕原点 O 旋转可以通过一个角度 θ 描述为将基向量 $(1,0),(0,1)$ 变换到 $(\cos\theta,\sin\theta),(-\sin\theta,\cos\theta)$ 的线性变换 Γ_θ，即式（2-35）。

$$\Gamma_\theta = \begin{pmatrix} \cos\theta & -\sin\theta \\ \sin\theta & \cos\theta \end{pmatrix} \quad (2\text{-}35)$$

去除旋转的影响则可以理解为构型空间去除 $SO(m)$ 旋转群的作用。根据旋转矩阵的概念可知，我们无法像去除平移和缩放那样找到一个合适的旋转矩阵用来去除所有形状的旋转作用。因此这里需要将该问题转化为一个流形空间商掉旋转群作用的问题，并引入预形状空间的概念对其进行解释。

（2）构建预形状空间

在 Kendall 形状空间中，一个构型 X 的预形状 Z 可以表达为式（2-36）。

$$Z = \frac{X_H}{\|X_H\|} = \frac{HX}{\|HX\|} = \frac{CX}{\|CX\|} \quad (2\text{-}36)$$

因此预形状空间（Pre-Shape Space）可以通过预形状的表达得到以下定义。

预形状空间 S_m^k 是由所有预形状构成的空间。在 Kendall 形状空间理论中，它被看作由 $k \in \mathbb{R}^m$ 个非重合的点所构成的流形空间 $M(m,k)$ 在平移和各向同性缩放作用下的轨道空间。S_m^k 公式如式（2-37）。

$$S_m^k = \left\{ Z \in M(m,k) | \sum_{i=1}^{k} z_i = 0, \|Z\| = 1 \right\} \quad (2\text{-}37)$$

由于尺度的归一化后使得 $\|Z\|=1$，所以该预形状空间 $S_m^k \equiv S^{(k-1)m-1}$ 可以形象地理解为一个 $(k-1)m$ 维的单位半径超球。预形状空间相对形状空间来说具有更高的维度。一个形状在预形状空间中可以理解为一条闭合的轨道。

预形状空间的切空间 $T_x S_m^k$ 表示为式（2-38）。

$$T_x S_m^k = \left\{ w \in M(m,k) | \sum_{i=1}^{k} w_i = 0, \operatorname{tr}(w^T x) = 0 \right\} \quad (2\text{-}38)$$

Frobenius 度量 $\langle \cdot, \cdot \rangle$ 定义了预形状空间上的黎曼流形。让 $x, y \in S_m^k$ 为预形状空间上的点,且 $x \neq y$。$w \in T_x S_m^k$ 为切空间中的向量。该度量可以表示为式(2-39)。

$$x_w = \exp_x(w) = \cos(\|w\|) x + \sin(\|w\|) \frac{w}{\|w\|}$$
$$\log_x(y) = \arccos(\langle y, x \rangle) \frac{y - \langle y, x \rangle x}{\|y - \langle y, x \rangle x\|} \quad (2\text{-}39)$$

(3)构建形状空间

预形状在变为形状之前仍然需要去除旋转的影响。上文描述了旋转群的作用,因此这里 Kendall 形状空间可以描述为预形状空间商掉旋转群作用的商空间,如式(2-40)。

$$\Sigma_m^k = S_m^k / \operatorname{SO}(m) \quad (2\text{-}40)$$

上文提到相对于平移与缩放,$\operatorname{SO}(m)$ 无法直接去除,需要找到间接的方法。首先根据商度量的概念以及预形状空间的正交坐标形式,形状空间的度量方法在高维球上的表达如式(2-41)。

$$\operatorname{d}[\pi(Z_1), \pi(Z_2)] = \min_{\Gamma \in \operatorname{SO}(m)} \operatorname{d}_{S_m^k}(Z_1, R.Z_2) \quad (2\text{-}41)$$

其中 $\pi(Z)$ 表示 Z 在预形状空间中所有在旋转变换 Γ 作用下得到的集合,其元素之间的测地线描述为预形状空间的超球上对应的大圆圆弧。测地距离则表示为圆弧的长度,如式(2-42)。

$$\operatorname{d}_{S_m^k}(Z, W) = \arccos[\operatorname{tr}(WZ^T)], Z, W \in S_m^k \quad (2\text{-}42)$$

形状空间中的度量可以通过预形状空间加入旋转变换求最短距离进行表示,因此形状空间度量可表示为式(2-43)。

$$\operatorname{d}[\pi(Z_1), \pi(Z_2)] = \arccos \max_{\Gamma \in \operatorname{SO}(m)} \operatorname{tr}(RZ_2 Z_1^T) \quad (2\text{-}43)$$

对于上述优化问题,通常使用普氏分析(Procrustes Analysis)[82]方法进行解决。而当 $m = 2$ 时可以直接计算求解。

2. 尺度形状空间

在很多应用中，除了关注形状，也会对物体的尺寸感兴趣。因此类比形状空间，尺度形状空间也同时受到关注。

均方根偏差度量是衡量各组点之间尺寸和形状差异的一种方法。该方法主要是先将构型通过普氏匹配，然后计算其均方根偏差。给两个由 k 个 m 维标记点构成的构型 X_1^o 和 X_2^o。$X_1 = CX_1^o, X_2 = CX_2^o$ 记作去除平移后的构型。通过谱氏分析去除 X_1 和 X_2 的旋转影响后，构型表示为 X_1^P，X_2^P。具体为 $X_1^P = X_1 \hat{\Gamma}$，其中 $\hat{\Gamma} = UV^\mathrm{T}$ 以及 $X_2^\mathrm{T} X_1 = VDU^\mathrm{T}$，这里 $U, V \in \mathrm{SO}(m)$。关于 D 对角线，除了可能的最小奇异值，所有元素都是正的。通过去除平移和缩放的构型表达，均方根偏差可以表示为式（2-44）。

$$\mathrm{RMSD} = \left\{ \frac{1}{k} \left\| X_2 - X_1^P \right\|^2 \right\}^{1/2} = \left\{ \frac{1}{k} \mathrm{trace} \left\{ \left(X_2 - X_1^P \right)^\mathrm{T} \left(X_2 - X_1^P \right) \right\} \right\}^{1/2} \quad (2\text{-}44)$$

如果构型是一个由 k 个点构成的构型 $X_1^o = x_1, x_2, \cdots, x_k$，$X_2^o = y_1, y_2, \cdots, y_k$。那么我们可以将上述公式描述为式（2-45）。

$$\mathrm{RMSD}^2 = \sum_{i=1}^{k} \left\| x_i - \hat{\tau} - \hat{A} y_i \right\|^2 / k \quad (2\text{-}45)$$

其中 $\hat{\tau}$ 为最小化平移，$\hat{A}y$ 为最小化旋转。

尺度形状空间中的黎曼距离具体计算细节如下。

我们首先通过预先乘以赫尔默特子矩阵来去除 X_1^o 和 X_2^o 位置的影响，从而得到赫尔默特中心化坐标 $X_1 = HX_1^o, X_2 = HX_2^o$。然后给出尺度 $S_1 = \|X_1\| = \|CX_1^o\|$ 和 $S_2 = \|X_2\| = \|CX_2^o\|$。那么两个构型在尺度形状空间的距离如式（2-46）。

$$\begin{aligned} \mathrm{d}_S^2 \left(X_1^o, X_2^o \right) &= \inf_{\Gamma \in \mathrm{SO}(m)} \left\| X_2 - X_1 \Gamma \right\|^2 \\ &= \mathrm{trace}\left(X_1^\mathrm{T} X_1 \right) + \mathrm{trace}\left(X_2^\mathrm{T} X_2 \right) - 2 \sup_{\Gamma \in \mathrm{SO}(m)} \mathrm{trace}\left(X_2^\mathrm{T} X_1 \Gamma \right) \\ &= S_1^2 + S_2^2 - 2 S_1 S_2 \sup_{\Gamma \in \mathrm{SO}(m)} \mathrm{trace}\left(\frac{X_2^\mathrm{T}}{S_2} \frac{X_1 \Gamma}{S_1} \right) \end{aligned} \quad (2\text{-}46)$$

其中 S_1、S_2 可以由式（2-33）计算获得。

根据形状空间理论和普氏距离定义可知，在形状空间中 X_1、X_2 的黎曼距离 $\rho(X_1, X_2)$ 可以表示为式（2-47）。

$$\rho(X_1, X_2) = \arccos\left(\sum_{i=1}^{m} \lambda_i\right)$$

这里，$\sum_{i=1}^{m} \lambda_i = \sup_{\Gamma \in SO(m)} \operatorname{trace}(X_2^T X_1 \Gamma)$

（2-47）

其中 $\lambda_1 \geqslant \lambda_2 \geqslant \ldots \geqslant \lambda_{m-1} \geqslant |\lambda_m|$ 是 $X_1^T X_2 X_2^T X_1$ 特征值的平方根，因此在尺度形状空间中的黎曼距离可以看作两个构型的最小化旋转的欧氏距离，表示为式（2-48）。

$$d_S(X_1^o, X_2^o) = \sqrt{S_1^2 + S_2^2 - 2 S_1 S_2 \cos \rho(X_1^o, X_2^o)}$$

（2-48）

3. 弹性形状空间

（1）曲线弹性度量

基于关键点进行形状分析的 Kendall 度量具有一定的局限性。Kendall 形状空间用关键点表示要分析的对象，因此在那些本身就是离散表示的对象的应用中它的性能很优秀，比如对星空中星座的分类。相反，在对两个连续的形状进行分析时，关键点的选取对该形状空间性能的影响很大。综上所述，形状关键点的选取、关键点之间的对应关系对 Kendall 的性能产生了至关重要的影响。

为了克服使用离散点进行形状分析方法所具有的缺点，Younes[85、86]使用带有弹性的模型来对形状进行分析。然而，插值和统计学模型的问题只得到了部分解决。Klassen[87]提出了使用弧长参数化的曲率函数作为曲线的表示，然而曲线的形变与弧长有关，因此此模型中未包含弹性模型，产生的距离没有达到预期效果。Mennucci 和 Yezzi[88]也提出了在不同度量下曲线的不同表示方法。2007 年，Mio[89]发展了 Klassen 方法，将曲线形变分解成拉伸和弯曲两个部分 (ϕ, θ)。Mio 提出的模型首次正式将曲线的弹性形变引入连续曲线的形状分析中，同时给出了曲线的弹性度量簇表达式，如式（2-49）。

$$\langle(h_1,f_1),(h_2,f_2)\rangle_{\phi,\theta} = a\int_0^1 h_1(t)h_2(t)e^{\phi(t)}dt + b\int_0^1 f_1(t)f_2(t)e^{\phi(t)}dt \quad (2\text{-}49)$$

其中 (h_1,f_1) 和 (h_2,f_2) 是 $\mathcal{H}$ 上 (ϕ,θ) 点处的切向量。曲线的弹性性质通过系数 a 和 b 来控制，a,b 分别代表曲线的张力和刚性系数，因此两项的系数大于零，$a,b>0$。弹性度量不仅能很好地衡量曲线的弹性变化，而且该度量满足旋转不变性和重参数不变性，如式（2-50）。

$$\begin{aligned}\langle(O,(h_1,f_1)),(O,(h_2,f_2))\rangle_{(O,(\psi,\theta))} &= \langle(h_1,f_1),(h_2,f_2)\rangle_{(\psi,\theta)} \\ \langle(\gamma,(h_1,f_1)),(\gamma,(h_2,f_2))\rangle_{(\gamma,(\psi,\theta))} &= \langle(h_1,f_1),(h_2,f_2)\rangle_{(\psi,\theta)}\end{aligned} \quad (2\text{-}50)$$

旋转不变性和重参数化不变性对于构建连续形状空间来说至关重要。在 Mio 模型中体现出了曲线变化的弹性特征，但由于所提出的黎曼度量较为复杂，对于计算并不友好，对该模型的简化迫在眉睫。2011 年，Anuj Srivastava[90] 提出了基于弹性度量的一种重要的曲线表达形式，即平方根速度 SRV，如式（2-51）。

$$q(t) := \frac{\dot{\beta}(t)}{\sqrt{\|\beta(t)\|}} \quad (2\text{-}51)$$

上式中，$\beta(t)$ 是原曲线，$\dot{\beta}(t)$ 是曲线的导数。SRV 框架极大地降低了曲线弹性度量的计算复杂度，因为该变换将复杂的黎曼度量退化成平直空间的 L^2 度量。同时 SRV 变换又是弹性度量的一种特殊形式，具备曲线形变的弹性特征。此外，SRV 变换是一个双射，这意味着不仅可以将一般的曲线 β 用 SRV 表示为 q，还可以通过 SRV 的逆变换形式，计算 q 的原函数 β，如式（2-52）。

$$\beta(t) = \int_0^t q(s)\|q(s)\|ds \quad (2\text{-}52)$$

（2）连续曲线弹性形状空间

根据曲线弹性度量，我们可以构造连续曲线弹性形状空间 S。下面给出构造连续形状空间的路线，从连续曲线空间 $\mathcal{C} := \{\beta:[0,1]\to\mathbb{R}^n\}$ 出发，通过 SRV 变换获得曲线的平方根速度表示空间 $\tilde{\mathcal{C}} := \{\beta:[0,1]\to\mathbb{R}^n\}$，去除尺寸变化影响，得到预形状空间 $\tilde{S}$。如同 Kendall 框架下的预形状空间一

样，在连续形状空间框架下，预形状空间是一个无穷维的单位超球，满足 $\int_0^1 \|q(t)\|^2 \, \mathrm{d}t = \int_0^1 \|\dot{\beta}(t)\| \, \mathrm{d}t = 1$ 的约束。在预形状空间 $\tilde{S}$ 上去除旋转变换与重参数变换的影响，需要使用商空间的概念，对 $\tilde{S}$ 商掉旋转等价关系和重参数等价关系，最终获得形状空间 S。

商掉等价关系简单地说就是去掉与形状无关的影响因素，在 Kendall 空间中，需要移除的相似变换群有平移、旋转和尺寸变换。在连续弹性空间中，已经使用平方根速度表示曲线，因此平移因素已经被天然过滤掉。在连续弹性空间中需要进行处理的相似变化为旋转、尺寸和重参数化。需要使用"群"的语言来对形状空间的构建进行描述。若将 $\varPhi(G, \cdot)$ 记为光滑流形 M 上的 Lie 群作用，即微分流形上存在一个光滑映射 $\varPhi: G \times M \to M$，则有如式（2-53）所示的性质。

$$\varPhi(g \cdot h, p) = \varPhi(g, \varPhi(h, p))$$
$$\varPhi(e, p) = p \quad (2\text{-}53)$$

因此，借助群作用，我们可以定义流形上的等价关系，等价关系也称为流形 M 上的轨道，如式（2-54）。

$$[p] = \{g \cdot p \in M \mid g \in G\} \quad (2\text{-}54)$$

式中，$[p]$ 代表在相似变换群 G 作用下，等价元素的集合。在连续弹性形状空间中，对预形状空间 $\tilde{S}$ 在相似变换群 G 作用下的商空间记为式（2-55）。

$$\tilde{S}/G = \{[q] \mid q \in S\} \quad (2\text{-}55)$$

因此，可以通过对预形状空间 $\tilde{S}$ 商掉旋转变换群 $\mathrm{SO}(m)$，重参数化群 $\varGamma$ 来构造形状空间，如式（2-56）。

$$S = \tilde{S}/[\mathrm{SO}(m) \times \varGamma] = \{[q] \mid q \in S\} \quad (2\text{-}56)$$

由于预形状空间是一个无穷维的单位超球，两个形状之间的距离可以使用两个元素之间的夹角去度量。形状空间 S 的距离可以通过预形状空间 $\tilde{S}$ 上的距离进行诱导，如式（2-57）。

$$\mathrm{d}_S\left([q_0],[q_1]\right) = \inf_{(O,\gamma)\in\left[\mathrm{SO}(m)\times\Gamma\right]} \mathrm{d}_{\tilde{S}}\left[q_0, O(q_1\circ\gamma)\sqrt{\dot{\gamma}}\right] \qquad (2\text{-}57)$$

三、分配问题

分配问题（Assignment Problem）也称指派问题[91、92]，简单来说就是将一个集合中的任务分配给另一个集合中的代理（Agent），要求分配后得到的总收益最大或是总代价最小。指派分配问题是一个 NP-hard 组合优化问题[93]，且在数学领域备受关注有 40 余年。在这个过程中有很多有效的算法被提出并应用到理论研究中，比如图匹配理论[94]、网络流理论[95]、图上色问题[96]、寻路问题[97]等。该问题也通常出现在计算机图形图像领域的实际问题中[98]，比如形状匹配、分类识别、动作跟踪以及分类识别等。

分配问题由实例的一个集合 $\mathcal{X}$、一组分配约束 $\mathcal{K}$ 和一个目标函数 $\mathcal{C}$ 构成。一个实例 $X_{ij}\in\mathcal{X}$ 描述了第 i 个代理和第 j 个任务的特定分配。如果代理 i 分配到任务 j，则 $X_{ij}=1$。反之，则 $X_{ij}=0$。一组额外的约束条件 $\mathcal{K}$ 会作用到 $\mathcal{X}$ 上。所有满足约束的分配矩阵的集合可以由 $\mathcal{X}=\{X:c(X)$ 满足 $\forall c\in\mathcal{C}\}$ 表示。

在组合优化中分配问题无非就是一个有限集向其自身的双向映射，也就是一个排列或置换（Permutation），其可以使用不同的方式进行可视化和建模。比如集合 $N=\{1,\cdots,n\}$ 的每一个排列 ϕ 都以独特的方式对应于一个矩阵 $\boldsymbol{X}_\phi=(x_{ij})$，当 $j=\phi(i), x_{ij}=1$，当 $j\neq\phi(i), x_{ij}=0$。我们可以把这个矩阵 $\boldsymbol{X}_\phi$ 看成一个二分图 $G_\phi=(V,W,E)$ 的邻接矩阵结构，其中顶点集 V 和 W 有 n 个顶点，即 $|V|=|W|=n$，如果 $j=\phi(i)$ 则有一条边 $(i,j)\in E$。

分配问题根据约束条件和目标函数的不同一般形式化为三类问题，即线性分配问题、二次分配问题以及多维度分配问题。针对不同种类的问题产生了不同的解决方法。本书提出的方法框架借鉴了 3 种问题的描述以及相应成熟的解决方案。下面对其理论、算法和应用进行详细描述。

1. 线性分配

（1）线性分配的定义

线性分配问题（Linear Assignment Problem）也被称为最小权匹配问题[99-101]。该问题同样处理的是如何以最佳方式将一个集合中的 n 个元素（如代理）分配给另一个集合中的 n 个元素（如任务）。我们假设将代理 i 分配给任务 j 会带有一个代价 c_{ij}，为了以代价最小的方式完成所有的任务，我们必须尽量减少代价函数，并且找到一个分配 ϕ^* 来让该代价函数最小。因此，我们可以将其表示为式（2-58）。

$$\min \sum_{i=1}^{n} c_{i\phi(i)} \qquad (2\text{-}58)$$

如果我们给一个整数约束，式（2-58）可以用 0—1 的整数规划表示，具体如式（2-59）。

$$\begin{aligned} & \min \sum_{i=1}^{n}\sum_{j=1}^{n} c_{ij} x_{ij} \\ & \sum_{i=1}^{n} x_{ij} = 1 \qquad j=1,\cdots,n \\ & \sum_{j=1}^{n} x_{ij} = 1 \qquad i=1,\cdots,n \\ & x_{ij} \in {0,1} \qquad i,j=1,\cdots,n \end{aligned} \qquad (2\text{-}59)$$

其中，x_{ij} 是 $n \times n$ 置换矩阵 $\boldsymbol{X}_\phi = (x_{ij})$ 中的一个元素。

就像我们在开始介绍分配问题时所提到的，线性分配更容易通过二分图的视角去理解[102、103]。给一个二分图 $G=(V,U;E;W)$，它由点集 $V=\{v_1,v_2,\cdots,v_n\}$ 和点集 $U=\{u_1,u_2,\cdots,u_n\}$、边集合 E，以及边上的权重 W 构成。如果有一个边的子集 M，其 G 的每一个节点都与 M 的至多一条边关联，那么子集 M 称为匹配，M 的基数则为匹配的基数。一个匹配要求其存有尽可能多的边，则该匹配是最大匹配。如果 G 中的每一个节点都与 M 中的唯一一条边关联，$|M|=n$，则该匹配可称为完美匹配（Perfect Matching）。可以看出每个完美匹配都是一个最大匹配，即一个分配。二分图 G 中的完美匹配可以由相应邻接矩阵 $\boldsymbol{A}=(a_{ij})$ 表示，如式（2-60）。

$$a_{ij} := \begin{cases} 1 & \text{若} \quad (v_i, u_j) \in E \\ 0 & \text{若} \quad (v_i, u_j) \notin E \end{cases} \tag{2-60}$$

如果我们将线性分配从匹配的角度去解释。则式（2-59）看作寻找 G 的最小权重的完美匹配，其形式化如式（2-61）。

$$\min \left\{ \sum_{(i,j) \in M} c(i,j) : M \text{是一个完美匹配} \right\} \tag{2-61}$$

其中 $c(i,j)$ 表示边 $E_{(i,j)} \in E$ 上的权重 $W_{(i,j)} \in W$。因此，根据以上说明可以看出线性分配问题能够理解为一个二分图最小权完美匹配问题。它是一个线性回归问题，能够在多项式时间解决。

（2）线性分配解决方法

Hungarian 算法是最为常见的线性分配方法解决方案之一，也是本书所使用的一种方法[104]。Hungarian 算法由 Kuhn 提出，是常见的多项式时间内解决线性分配问题的方法之一。该方法属于原始对偶（Primal-Dual）算法的一种。对偶算法带有一对不可行的原始解 x_{ij}，$x_{ij} \in \{0,1\}$ 和一个可行的对偶解 $u_i, v_j, 1 \leq i,j \leq n$，它们满足互补的松弛条件，如式（2-62）。

$$x_{ij}(c_{ij} - u_i - v_j) = 0, 1 \leq i,j \leq n \tag{2-62}$$

我们用 $\bar{c}_{ij}$ 代表 u_i 和 v_j 的递减代价（Reduced Cost），其可以表示为 $\bar{c}_{ij} = c_{ij} - u_i - v_j$。上述解通过代价矩阵 $\boldsymbol{C}$ 的可接受变换（Admissible Transformation）来迭代更新。所谓的可接受可以理解为矩阵 $\boldsymbol{C} = (c_{ij})$ 到矩阵 $\tilde{\boldsymbol{C}} = (\tilde{c}_{ij})$ 的一个变换 $\boldsymbol{T}$，且对于 $1,2,\cdots,n$ 的每一个置换矩阵 $\boldsymbol{\phi}$ 都遵循式（2-63）。

$$\sum_{i=1}^{n} c_{i\phi(i)} = \sum_{i=1}^{n} \tilde{c}_{i\phi(i)} + z(\boldsymbol{T}) \tag{2-63}$$

其中 $z(\boldsymbol{T})$ 是只由 $\boldsymbol{T}$ 决定的一个常量。如果所有关于矩阵 $\boldsymbol{C}$ 的 $\tilde{c}_{ij}$ 都是非负的，那么存在一个置换矩阵 $\boldsymbol{\phi}^*$ 使得 $\tilde{c}_{i\phi^*(i)} = 0$，则 $\boldsymbol{\phi}^*$ 就是带有代价矩阵 $\boldsymbol{C}$ 的分配问题的最优解。最优解的值等于 $z(\boldsymbol{T})$。

在 Hungarian 算法中，对应上述原始对偶算法，初始的对偶解可以通过式（2-64）获得。

$$\begin{cases} u_i = \min\{c_{ij} : 1 < j \leq n\} & \text{若} 1 < i \leq n \\ v_j = \min\{c_{ij} - u_i : 1 < i \leq n\} & \text{若} 1 < j \leq n \end{cases} \quad (2\text{-}64)$$

初始的原始解可以通过寻找二分图 $\bar{G} = (V, U; \bar{E}; \bar{W})$ 的最大匹配 M 获得。其中二分图节点 U, V 数量 $n_V = n_U$，$\bar{E} = \{(i,j): \bar{c}_{ij} = c_{ij} - u_i - v_j = 0\}$。当边 $(i,j) \in M$ 时，$x_{ij}=1$，反之 $x_{ij}=0$。显然原始解 $x_{ij}, 1 \leq i, j \leq n$ 和对偶解 $u_i, v_j, 1 \leq i, j \leq n$ 满足互补松弛条件，即式（2-62）。

根据柯尼希定理，一个二分图中的最大匹配数等于这个图中的最小点覆盖数。该匹配 M 对应 $\bar{G}$ 的最小点覆盖，或者等于矩阵的一个最小零覆盖。令 I 为非覆盖行的行索引，J 为非覆盖列的索引，那么对偶变量则可以通过式（2-65）进行迭代更新。

$$u_i := \begin{cases} u_i - \delta & \text{若} i \in I \\ u_i & \text{其他} \end{cases} \quad v_j := \begin{cases} v_j & \text{若} j \in J \\ v_j + \delta & \text{其他} \end{cases} \quad (2\text{-}65)$$

其中 δ 为当前最小的非覆盖递减代价，$\delta = \min\{\bar{c}_{ij} : i \in I, j \in J\}$。它对应的可接受变换 T 可以表示为式（2-66）。

$$\tilde{c}_{ij} := \begin{cases} c_{ij} - \delta & \text{若} i \in I, j \in J \\ c_{ij} + \delta & \text{若} i \notin I, j \notin J \\ c_{ij} & \text{其他} \end{cases} \quad (2\text{-}66)$$

它的常量 $z(\boldsymbol{T}) = \delta(|I| + |J| - n)$。根据柯尼希定理，当且仅当存在一个置换矩阵 ϕ，$1 < i \leq n$，$c_{i\phi(i)} = 0$ 时，常量 $z(\boldsymbol{T})$ 等于 $|I| + |J| = n$。在这种情况下，可以得到一个可行原始解，并且该解也是最优的。

2. 二次分配

（1）二次分配的定义

二次分配问题最早由 Koopmans 和 Beckmann 通过选址设施问题引出该数学模型[105-108]。该选址问题能够很好地解释什么是二次匹配问题。

假设由一组 n 个工厂设施组成的集合与一组由 n 个建设位置构成的集合。要将这组工厂设施分配在这些选址上，其成本代价分别由设施之间的距离和设施之间的流量构成。目的是找到一个合适的分配方式使得总成本代价最小。

给出两个 $n \times n$ 的实值矩阵 $\boldsymbol{F} = (f_{ij}), \boldsymbol{D} = (d_{kl})$。其中 f_{ij} 是设施 i 和 j 之间的流量，d_{kl} 代表地址 k 和 l 之间的距离。则二次分配问题可以看作给每个设施分配一个位置如式（2-67）。

$$\min_{\phi \in S_n} \sum_{i=1}^{n} \sum_{j=1}^{n} f_{ij} d_{\phi(i)\phi(j)} \qquad (2\text{-}67)$$

其中 S_n 代表所有置换矩阵 $\phi: N \rightarrow N$ 的集合，$f_{ij}d_{\phi(i)\phi(j)}$ 代表将设施 i 分配到地址 $\phi(i)$ 以及设施 j 分配到地址 $\phi(j)$ 的代价。该分配方案通常被称为 Koopmans-Beckmann QAP。如果再将选址距离因素考虑其中，即给一个矩阵 $\boldsymbol{B} = (b_{ik})$，$b_{ik}$ 代表将设施 i 建造到地址 k 上的成本。一般 Koopmans-Beckmann QAP 的形式由式（2-67）转化为式（2-68）。

$$\min_{\phi \in S_n} \sum_{i=1}^{n} \sum_{j=1}^{n} f_{ij} d_{\phi(i)\phi(j)} + \sum_{i=1}^{n} b_{i\phi(i)} \qquad (2\text{-}68)$$

通常将 $\boldsymbol{B} = (b_{ij}) \in \mathbb{R}^{n \times n}$ 称为线性系数项。显然 $\boldsymbol{F}$ 和 $\boldsymbol{D}$ 都是对角线上带有零值的非负对称矩阵。一个带有矩阵 $\boldsymbol{F}$、$\boldsymbol{D}$ 和 $\boldsymbol{B}$ 的实例可以用 QAP（$\boldsymbol{F}$, $\boldsymbol{D}$, $\boldsymbol{B}$）来表示。

Lawler[109] 提出了另一种二次分配的视角。他给出了一个关于系数的四维阵列 $\boldsymbol{C} = (c_{ijkl})$ 取代了 Koopmans-Beckmann QAP 中的矩阵 $\boldsymbol{F}$ 和 $\boldsymbol{D}$。因此式（2-68）可以转化为式（2-69）。

$$\min_{\phi \in S_n} \sum_{i=1}^{n} \sum_{j=1}^{n} c_{ij\phi(i)\phi(j)} + \sum_{i=1}^{n} b_{i\phi(i)} \qquad (2\text{-}69)$$

也就是说，通过设置 $c_{ijkl} := f_{ij}d_{kl}$，其中对于所有 i、j、k、l 带有 $i \neq j$ 伴随 $k \neq l$ [当 $i = j$，$k = l$ 时，显然 $x_{ij}x_{ij} = x_{ij}(i, j = 1, \cdots, n)$]，以及 $c_{iikk} := f_{ii}d_{kk} + b_{ik}$，Koopmans-Beckmann QAP 和 Lawler QAP 可以互相转换。

不同于线性分配，二次分配仍然是最难优化的问题，且通常无法在多项式时间内解决。Sahni 和 Gonzalez[110] 证明了二次分配问题是 NP-hard 问题，即使是在某个常数范围内寻找一个近似解（除非 $P=NP$），也无法在多项式时间内完成。因此，二次分配问题从提出到现在仍然是一个讨论的热点。为了解决该问题，多种 QAP 表示模型被相继提出，下面介绍一些常见的 QAP 模型。

（2）二次分配模型

①基于分配问题中的置换矩阵以及分配整数约束，即式（2-59），在 QAP 同样给出一置换矩阵 $X = (x_{ij})$，表示为式（2-70）。

$$x_{ij} = \begin{cases} 1 & \text{若 } \phi(i) = j \\ 0 & \text{其他} \end{cases} \quad (2\text{-}70)$$

以及一个分配约束，表示为式（2-71）。

$$\begin{aligned} &\sum_{i=1}^{n} x_{ij} = 1 \quad j = 1, 2, \cdots, n \\ &\sum_{j=1}^{n} x_{ij} = 1 \quad i = 1, 2, \cdots, n \\ &x_{ij} \in \{0, 1\} \, i \quad j = 1, 2, \cdots, n \end{aligned} \quad (2\text{-}71)$$

根据 Birkhoff 关于分配多胞形的点对应于唯一的置换矩阵这一理论，Koopmans-Beckmann QAP，即式（2-67）的形式可以公式化为带有二次目标函数的线性规划（Quadratic Integer Program）形式，如式（2-72）。

$$\begin{aligned} \min \quad &\sum_{i=1}^{n}\sum_{j=1}^{n}\sum_{k=1}^{n}\sum_{l=1}^{n} f_{ik} d_{jl} x_{ik} x_{jl} + \sum_{i,j=1}^{n} b_{ij} x_{ij} \\ &\sum_{i=1}^{n} x_{ij} = 1 \quad j = 1, 2, \cdots, n \\ &\sum_{j=1}^{n} x_{ij} = 1 \quad i = 1, 2, \cdots, n \\ &x_{ij} \in \{0, 1\} \quad i, j = 1, 2, \cdots, n \end{aligned} \quad (2\text{-}72)$$

同理，Lawler 所提出的 QAP 形式可以转化为式（2-73）。

$$\begin{aligned} \min \quad &\sum_{i=1}^{n}\sum_{j=1}^{n}\sum_{k=1}^{n}\sum_{l=1}^{n} c_{ijkl} x_{ik} x_{jl} \\ &\sum_{i=1}^{n} x_{ij} = 1 \quad j = 1, 2, \cdots, n \\ &\sum_{j=1}^{n} x_{ij} = 1 \quad i = 1, 2, \cdots, n \\ &x_{ij} \in \{0, 1\} \quad i, j = 1, 2, \cdots, n \end{aligned} \quad (2\text{-}73)$$

这里，对于形式的统一表达，无论 QAP 形式的线性系数项是否存在，该数学模型都可以表示为目标函数中不存在线性项的形式。此外，式（2-67）的形式可以使用一种更为直观的方式表示，即通过两个矩阵的内积形式进行定义。令两个 $n \times n$ 的实值矩阵 A 和 B。它们的内积可以定义为式（2-74）。

$$\langle A, B \rangle := \sum_{i=1}^{n} \sum_{j=1}^{n} a_{ij} b_{ij} \tag{2-74}$$

给出 $n \times n$ 矩阵 A，一个置换矩阵 $\phi \in S_n$ 和相关置换矩阵 $X \in X_n$，那么置换矩阵 $\phi \in S_n$，AX^T 和 XA 互为 A 的转置。由此可以得出式（2-75）。

$$XAX^T = \left[a_{\phi(i)\phi(j)} \right] \tag{2-75}$$

因此可以将 Koopmans-Beckmann QAP 重新表示为式（2-76）。

$$\min_{X \in X_n} \langle F, XDX^T \rangle + \langle B, X \rangle \tag{2-76}$$

其中实值矩阵 $F = (f_{ij})$，$D = (d_{kl})$ 以及 $B = (b_{ik})$ 可对应式（2-67）的 3 个代价矩阵。

② QAP 的迹模型起初是 Edwards[111、112] 提出的。一个 $n \times n$ 的矩阵 B 可以定义为其对角线上的元素之和，如式（2-77）。

$$\mathrm{tr} B := \sum_{i=1}^{n} b_{ii} \tag{2-77}$$

考虑到 Koopmans-Beckmann QAP 由 F、D 和 B 矩阵构成，令 $\overline{D} = XD^T X^T$，可以得到式（2-78）。

$$\mathrm{tr}(F\overline{D}) = \sum_{i=1}^{n} \sum_{j=1}^{n} f_{ij} \overline{d}_{ji} = \sum_{i=1}^{n} \sum_{j=1}^{n} f_{ij} \overline{d}_{\phi(i)\phi(j)} \tag{2-78}$$

由于 $\overline{d}_{ji} = d_{\phi(i)\phi(j)}, i, j = 1, \cdots, n$，其中 $\phi \in S_n$ 是 X 的相关置换。因为 $\mathrm{tr}(BX^T) = \sum_{i=1}^{n} b_{i\phi(i)}$，所以式（2-76）中的 QAP 形式可以重新定义为式（2-79）。

$$\min_{X \in X_n} \mathrm{tr}(FXD^T + B)X^T \tag{2-79}$$

在迹模型提出后，Finke、Burkard 和 Rendl[107、113] 将其应用在对称矩阵 QAP 的特征值下边界技术上。给任意两个实值 $n \times n$ 矩阵 A，B，根据 $\text{tr}(AB) = \text{tr}(BA)$，$(AB)^T = B^T A^T$ 以及 $\text{tr}A = \text{tr}A^T$ 等特性，对于 $F = F^T$，式（2-79）中的二次项转化为式（2-80）。

$$\text{tr}FXD^TX^T = \text{tr}FXDX^T \qquad (2\text{-}80)$$

其中 D 不需要对称。因此，给一个 QAP 实例，当其中仅有一个实对称矩阵时，可以引入一个新的对称矩阵 $E = \frac{1}{2}(D + D^T)$，将原有的 QAP（F，D，B）转化为 QAP（F，E，B），如式（2-81）。

$$\text{tr}FXE^TX^T = \frac{1}{2}\text{tr}(FXD^TX^T + FXDX^T) = \text{tr}FXD^TX^T \qquad (2\text{-}81)$$

③给定两个无向带权完全图 $G^A = (\mathcal{V}^A, \mathcal{E}^A, \mathcal{A}^A)$，$G^B = (\mathcal{V}^B, \mathcal{E}^B, \mathcal{B}^B)$ 每个图都含有 n 个节点。第 i 个节点和连接 i、j 的边表示为 $v_i^A \in \mathcal{V}^A$，$e_{ij}^A \in \mathcal{E}^A$。对应在选址问题上[114]，可以理解为 G^A 中的每个节点表示选址问题中的设施，每条边表示设施工厂之间的流量，G^B 中的每个节点表示地址，每条边表示地址之间的距离。点 v_i^A 与 $v_{i'}^B$ 之间的差异表示设施建设在地址上所用的成本。那么，QAP 问题可以转化为寻找一个图的节点到另一个图的节点的最佳分配问题。

首先，定义一个匹配矩阵 $X = x_{ij}, x_{ij} \in \{0, 1\}$。其中如果节点 v_i^A 与 $v_{i'}^B$ 对应匹配 $(i \mapsto i')$，则 $X_{ii'} = 1$，反之为 0。然后定义 $b_{ii'}$ 用来表示 $(i \mapsto i')$ 的匹配差异函数（Compatibility Function）的值，即节点之间的差异。紧接着定义 $c_{ii'jj'}$ 来表示一对分配 $ij \mapsto i'j'$ 的匹配，即边的差异。考虑约束条件，则该图的匹配问题可以理解为找到一个最优的匹配矩阵 X^* 使得式（2-82）成立。

$$X^* = \underset{X}{\text{argmin}} \sum_{i,i'=1}^{n} \sum_{j,j'=1}^{n} c_{ii'jj'} x_{ii'} x_{jj'} + \sum_{i,i'=1}^{n} d_{ii'} x_{ii'} \qquad (2\text{-}82)$$
$$X \in X_n$$

如果对于所有的 $ii'jj'$，其 $d_{ii'jj'} = 0$，则该问题变为线性匹配中的式（2-59）。如果 G_A，G_B 分别通过邻接矩阵 A，B 表示。则两个图的匹配问题可以看作最优化式（2-83）的代价函数。

$$\min_{X \in X_n} \| AX - XB \|_2^2 \tag{2-83}$$

通过简单的代数运算可以得出式（2-84）。

$$\begin{aligned} \| AX - XB \|_2^2 &= \mathrm{tr}\left\{ (AX - XB)^{\mathrm{T}}(AX - XB) \right\} \\ &= \mathrm{tr}(A^{\mathrm{T}}A) + \mathrm{tr}(BB^{\mathrm{T}}) - 2\mathrm{tr}(AXB^{\mathrm{T}}X^{\mathrm{T}}) \end{aligned} \tag{2-84}$$

忽略 $\mathrm{tr}(A^{\mathrm{T}}A), \mathrm{tr}(BB^{\mathrm{T}})$，则式（2-83）转化为式（2-85）。

$$X^* = \underset{X}{\mathrm{argmin}} - \mathrm{trace}(AXB^{\mathrm{T}}X^{\mathrm{T}}) \atop X \in X_n \tag{2-85}$$

通过观察，QAP 的图模型公式（2-85）与迹模型公式（2-81）有异曲同工之处。如果引入一个非负对称的亲和矩阵 $M \in \mathbb{R}^{n^2 \times n^2}$，它在对角线上编码了节点的差异，在非对角线上编码了边与边的差异。那么该图匹配的最优的匹配矩阵 X^* 则可以转化为 Lawler QAP 的表示，如式（2-86）。

$$X^* = \underset{X}{\mathrm{argmin}} \, \mathrm{vec}(X)^{\mathrm{T}} M \mathrm{vec}(X) \atop X \in X_n \tag{2-86}$$

（3）二次分配解决方法

在现有的工作中，求解二次分配问题的方法主要分为两类——精确解方法和近似解方法。其中近似解方法由于计算复杂度较低被更多使用，近似解方法主要包括半正定回归方法[115、116]、分级分配方法[117]以及谱匹配方法[118]。本节着重介绍基于概率近似的谱匹配方法对二次分配问题的求解，这也是本书使用的方法之一。该方法由 Leordeanu 与 Hebert 提出，是一种通过谱放松约束的有效鲁棒方法。

下面从概率的角度解释谱匹配方法，针对二次分配问题建立概率模型，通过对计算图匹配模型中亲和相似度矩阵的特征值分解来估计满足约束条件下的最优匹配。基于概率近似的谱匹配方法并不需要谱放松约束，计算更为简单，鲁棒性更强。

首先建立概率模型描述二次分配问题。在图匹配模型介绍中，二次分配的求解问题等价为式（2-86）的求解问题。该式中的 M 矩阵编码了关于一对节点的差异信息（或者称之为边的相似度差异信息）。如果将这些差异信息看作匹配概率，那么 $P(c_{ii'})$ 可以表示为 $x_i \in \mathcal{V}^A$ 分配到 $y_{i'} \in \mathcal{V}^B$ 的分配概率。$P(c_{jj'})$ 表示为 $x_j \in \mathcal{V}^A$ 分配到 $y_{j'} \in \mathcal{V}^B$ 的分配概率。$P(c_{ii'}, c_{jj'})$ 则是 $x_i \in \mathcal{V}^A$ 分配到 $y_{i'} \in \mathcal{V}^B$ 的同时 $x_j \in \mathcal{V}^A$ 分配到 $y_{j'} \in \mathcal{V}^B$ 的分配概率。由分配概率构成的分配概率向量表示为 p。

假设图匹配模型中不同节点相互独立，则 $P(c_{ii'}, c_{jj'})$ 可以被表示为式（2-87）。

$$P(c_{ii'}, c_{jj'}) = P(c_{ii'})P(c_{jj'}) \tag{2-87}$$

将式（2-87）转化成矩阵形式，可以表示为式（2-88）。

$$M = pp^{\mathrm{T}} \tag{2-88}$$

对于式（2-89）中的概率分配向量 p 可以通过计算亲和矩阵 M 的秩一逼近（Rank One Approximation，ROA）估计。由 Eckart-Young 定理可知，在 Frobenius 范数下，M 的特征值分解是 ROA 的最优解。Frobenius 范数下 ROA 的最优解表示为式（2-89）。

$$p^* = \arg\min_{p} \| M - pp^{\mathrm{T}} \|_{L_2} \tag{2-89}$$

因此，M 的特征分解可以看作（代理）计算亲和矩阵 M 的 ROA，并不需要依赖于谱放松约束。同时 M 为一个非负的对称矩阵，根据 Perron-Frobenius 理论，这也保证了 A 的主特征向量存在且非负。

对于式（2-86），根据 Chertok 和 Keller[119] 所提出的理论，在匹配约束下，等同于最小化所选分配的总体概率，表示如式（2-90）。

$$z^* = \arg\min_{z}(z^{\mathrm{T}}p) = \arg\min_{z}\sum_{k}p_k, z \in \{x_k = 0,1\}^{n_1 n_2}$$

$$Z^*1 < 1 \text{ 且 } (Z^*)^{\mathrm{T}}1 < 1 \tag{2-90}$$

其中 $z \in \{0,1\}^{n_1 n_2}$ 和 $Z \in \{0,1\}^{n_1 \times n_2}$ 分别为分配向量和分配矩阵。式（2-90）即为二次分配问题的概率模型，其对应的分配概率向量由谱分解求得，即式（2-89）。

第三章 Cel 形状的区域精确自动匹配方法

本章主要介绍基于 Cel 形状伴随图和谱匹配方法的 Cel 形状区域精确匹配方法。区域（Region）元素是 Cel 形状的重要组成部分，它是由一个或多个笔画构成的封闭领域。区域匹配结果可以应用于 Cel 动画角色的自动上色、Cel 动画库中的搜索、Cel 区域追踪等。

解决 Cel 形状区域匹配问题是一个严峻的挑战。首先，Cel 动画关键帧中区域的数量通常没有限制，过多的区域在匹配过程中会耗费大量的时间和计算资源。其次，Cel 形状在动画过程中往往发生较大的几何形变和拓扑变化，这意味着只利用区域的几何特征或者拓扑特征信息进行区域匹配无法获得正确的匹配结果，当提取的特征发生改变或者消失时，匹配方法可能失败。现有 Cel 动画区域匹配方法过多依赖于几何特征，导致无法解决拓扑发生变化的区域匹配，而那些考虑区域与区域相邻关系信息的匹配框架对拓扑信息利用率和相似度计算精度不高，在处理复杂的 Cel 动画匹配时匹配准确率不尽如人意。

为解决上述问题，本章提出了 Cel 形状区域精确匹配方法，该方法将问题归结为一种二次分配问题并引入谱匹配方法来解决该问题，适用于具有较大几何变形和拓扑变化的形状匹配情况。

一、区域精确匹配问题描述与方法框架

给定两个来自不同关键帧的 Cel 形状 S_1 和 S_2。这里可以理解为 S_1 和 S_2 是两个由区域组成的集合 $S_1 = \{R_1^1, R_2^1, \cdots, R_n^1\}$ 和 $S_2 = \{R_1^2, R_2^2, \cdots, R_m^2\}$，其中 R_k^1

表示 S_1 中第 k 个区域，R_t^2 表示 S_2 中第 t 个区域。n 和 m 表示区域的个数，在不失一般性的情况下 $n \leq m$。根据上述表示，S_1 和 S_2 之间的区域匹配可视为找到一个单射 X，该映射表示为 $X: S_1 \times S_2 \to \{0,1\}$，其中 0 和 1 表示是否有匹配存在。为了确保该映射是单射，我们将输入的 Cel 形状中区域较少的一方看作 S_1。基于映射的描述，Cel 动画中的形状匹配问题可以总结为一个能量公式，如式（3-1）。

$$\max \sum_{i,j=1}^{n} \sum_{i',j'=1}^{m} C_{ii'jj'} X_{ii'} X_{jj'}$$
$$0_n < X 1_m < 1_n, 0_m^T < 1_n^T X < 1_m^T$$
$$1_n^T X 1_m = \min\{n, m\} \quad X \in \{0,1\}_{n \times m}$$
（3-1）

在该公式中，$1_n \in \{1\}_{n \times 1}$，$0_m \in \{0\}_{m \times 1}$。$X_{ii'} = 1$ 表示 R_i^1 找到了相应的匹配 $R_{i'}^2$。其中最重要的符号 $C_{ii'jj'}$ 表示在指定情况下相似度的匹配系数，这种情况描述为 R_i^1 匹配 $R_{i'}^2$ 的同时 R_j^1 和 $R_{j'}^2$ 匹配，那么本章方法的主要任务则变为如何定义 $C_{ii'jj'}$。

为了能够精确定义相似度，本章方法同时考虑了 R_i^1 和 $R_{i'}^2$ 以及 R_j^1 和 $R_{j'}^2$ 之间的几何和拓扑信息。为了表达几何和拓扑上的约束，首先给出匹配候选和联合区域对的概念。任何两个来自不同 Cel 形状的区域之间都有可能存在匹配，这里称其为一个匹配候选 $(R_i^1, R_{i'}^2)$ 或者 $(R_j^1, R_{j'}^2)$，如图 3-1 所示。

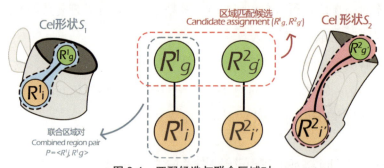

图 3-1 匹配候选与联合区域对

在这些匹配候选内可以进行几何相似度计算，从而提取出几何差异，定义 $(R_i^1, R_{i'}^2)$ 和 $(R_j^1, R_{j'}^2)$ 中的几何差异为 $W_{\text{Geom}}^{ii'}$ 和 $W_{\text{Geom}}^{jj'}$。为了表达拓扑

的约束，本章提出联合区域对的概念。来自相同 Cel 形状的任意两个区域 R_i^1 与 $R_{j'}^1$ 或者 R_i^2 与 $R_{j'}^2$ 都会蕴含拓扑关系信息，如图 3-1 所示，这两个区域与其拓扑关系信息共同构建一个联合区域对，表示为 $P_{ij}^1 = \langle R_i^1, R_j^1 \rangle$ 和 $P_{i'j'}^2 = \langle R_{i'}^2, R_{j'}^2 \rangle$。基于联合区域对的概念和其描述的拓扑关系，则可将拓扑约束看作两个联合区域对之间拓扑关系差异，定义为 $W_{\text{Topo}}^{iji'j'}$。因此，这里的相似度匹配系数 $C_{ii'jj'}$ 由 $W_{\text{Geom}}^{ii'}$、$W_{\text{Geom}}^{jj'}$ 和 $W_{\text{Topo}}^{iji'j'}$ 构建而成。

事实上，在我们的方法中能构建 n^m 个匹配候选 $\{(R_i^1, R_{i'}^2) | i = 1, \cdots, n, i' = 1, \cdots, m\}$，如果将这些候选匹配进行固定的排序，那么这个排序后的候选匹配可以表示为 $T = \{\tau_1, \tau_2, \cdots, \tau_{nm}\}$，其中 τ_i 为第 i 个匹配。至此问题则可看作一个二次分配问题，其中包含了区域之间的几何约束和拓扑约束。因此上述能量公式可以转化为整数二次函数，如式（3-2）。

$$\begin{aligned} \boldsymbol{X}^* &= \underset{\boldsymbol{X}}{\operatorname{argmax}} \operatorname{vec}(\boldsymbol{X})^{\mathrm{T}} \boldsymbol{M} \operatorname{vec}(\boldsymbol{X}) \\ &\boldsymbol{0}_n < \boldsymbol{X} \boldsymbol{1}_m < \boldsymbol{1}_n, \boldsymbol{0}_m^{\mathrm{T}} < \boldsymbol{1}_n^{\mathrm{T}} \boldsymbol{X} < \boldsymbol{1}_m^{\mathrm{T}} \\ &\boldsymbol{1}_n^{\mathrm{T}} \boldsymbol{X} \boldsymbol{1}_m = \min\{n, m\} \quad \boldsymbol{X} \in \{0, 1\}_{n \times m} \end{aligned} \quad (3\text{-}2)$$

其中 $1_n \in \{1\}_{n \times 1}$，$0_n \in \{0\}_{m \times 1}$。$\boldsymbol{M} = \{M_{ij}\} \in R^{nm \times nm}$ 为一个对称矩阵，称为亲和矩阵，M_{ij} 是 τ_i 和 τ_j 的相似度匹配系数。$\operatorname{vec}(\boldsymbol{X})$ 则表示为以 T 为索引排成的一个列向量。$\boldsymbol{X}^*$ 则表示最终区域是否匹配的二值矩阵。至此，本章方法的核心任务转化为定义几何约束与拓扑约束以及寻找上述公式解。

为了解决上述问题，本节提出一个高效解决框架，该框架包含 3 个部分，即形状表达部分、形状伴随图的构建部分以及谱匹配部分。框架主要选取矢量化的区域作为输入数据，该矢量表达能精确描绘区域，可编辑且更容易管理。更重要的是，矢量表达在动画工业生产中使用更广泛，很多成熟动画软件都采用了该形状表达，如 CACAni（Computer Assisted Cel Animation）、Toon Boom Harmony[5] 等。针对矢量化的区域匹配方法进行研究，更能有效帮助主流动画产业的动画师提高创作效率。

如图 3-2 所示，Cel 动画形状精确匹配方法框架的处理流程：给定两个待匹配的矢量化 Cel 形状（a）作为输入，首先通过（b）提取和存储它们的拓扑和几何信息；之后通过（d）构建形状伴随图，其中利用（c）分别计算区域匹配对之间的拓扑和几何信息相似度，并将其作为属性嵌入该图的节点和边；接着，将形状伴随图转化为亲和矩阵后，利用（e）对矩阵进行谱分解，根据谱的性质构建潜在的匹配候选序列并且对其进行排序；最终根据一对一匹配约束从列表中筛选出最优的区域对应（f）。

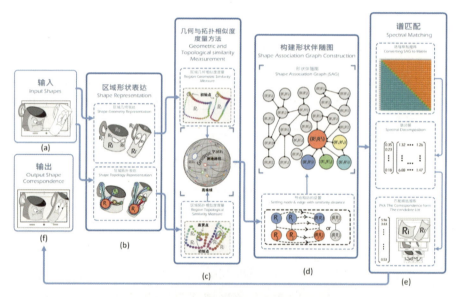

图 3-2 Cel 动画形状精确匹配方法框架

• 区域拓扑和几何表达部分：负责区域拓扑信息和几何信息的提取和存储。它定义了一个形状中区域的拓扑类型并对其进行了分类，为之后计算区域之间的拓扑和几何相似度分析提供了内蕴和外蕴的表达。

• 区域拓扑和几何相似度计算方法：负责形状拓扑和几何属性的相似度度量，描述了基于 Kendall 形状空间的区域相似度度量方法。在拓扑度量方面，该方法介绍了融合和分割方法并将拓扑差异转化为几何差异用以分析它们的内蕴和外蕴差异。

• 形状伴随图构建部分：负责构建形状伴随图，该图可以有效组织来自两个 Cel 形状的区域所构成的匹配对。该部分描述了怎样利用几何和相似度度量方法对伴随图的边和节点属性赋值。此外，它能很方便地将形状伴随图转化为亲和矩阵表达。

● 谱匹配部分：用于在潜在的区域匹配对中筛选和决定最终的区域匹配，是整个框架中最后也是最重要的环节。该部分通过分析由形状伴随图导出的矩阵的谱性质获得全局最优的 Cel 形状区域匹配结果。

二、Cel 形状区域表达

本节主要介绍如何提取和表达矢量化手绘区域的几何信息和拓扑信息。这些表达适用于几何与拓扑相似度计算方法，且能被高效地提取及构建。在拓扑表达中，定义了区域连接的类型以及表达方法。在几何表达中，介绍了 Cel 区域的几何定义和表达方法。

1. 拓扑表达

一个关键帧包含了一个由有限个区域构成的 Cel 形状，这些区域的内部连通。一个 Cel 动画关键帧中的区域拓扑关系可以看作区域和区域之间相邻关系的集合，任意两个区域 R_i 和 R_j 之间都有一个相邻关系 ϕ_{ij}，且根据 Cel 动画规律发现 ϕ_{ij} 具有不同的类型。相邻关系的类型会直接影响相似度的计算结果，所以需要将其进行分类说明，如图 3-3 所示。区域具体相邻关系类型 ϕ_{ij} 可分为以下几种。

（1）共享点邻接关系（Connected with shared points type）

两个区域边界相连接，且边界仅由有限个交叉点（Intersection point）构成，这里称这些交叉点为共享点（Shared point），如图 3-3（a）所示。

（2）共享边邻接关系（Connected with shared edges type）

两个区域边界相连接，且边界由有限个笔画构成，这些边为共享边（shared edge），如图 3-3（b）所示。

（3）共享孔邻接关系（Connected with shared holes type）

两个区域边界相连接，边界由有限个边构成。这些边包括了共享边和非共享边，且非共享边能够构建出有限个闭合的区域。这个闭合的区域为共享孔（Shared holes），如图 3-3（c）所示。

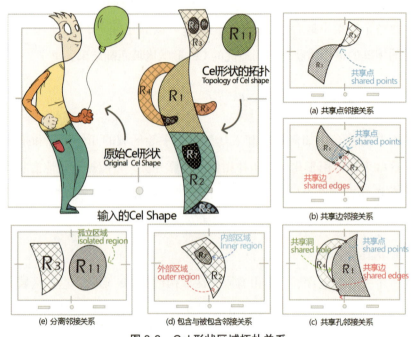

图 3-3　Cel 形状区域拓扑关系

（4）包含与被包含邻接关系（Inner & Interior connected type）

两个区域边界不连接，一个区域将另一个区域包裹在内或者被另一个区域包裹，如图 3-3（d）所示。

（5）分离邻接关系（Non-connected type）

两个区域边界不连接且不是包含与被包含的邻接关系，如图 3-3（e）所示。

此外，在研究过程中发现，Cel 形状的拓扑变化通常遵循动画设计原则[120]，即拓扑的连通性通常是稳定的。因此，根据连通性可以将上述 5 种相邻关系划分为三类，分别是涵盖邻接关系类（Inner & Interior class）、连通拓扑关系类（Connected class）以及非连通邻接关系类（Non-connected class），如图 3-4 所示。目前，有很多图像处理的方法可以提取区域的邻接关系信息，比如 Watershed 算法[121]、Trapped-Ball 算法[122] 等。在我们的方法中，输入的 Cel 形状可以构建其半边结构信息，通过半边结构方法可以提取共享边界信息，从而分析 Cel 形状的拓扑关系。

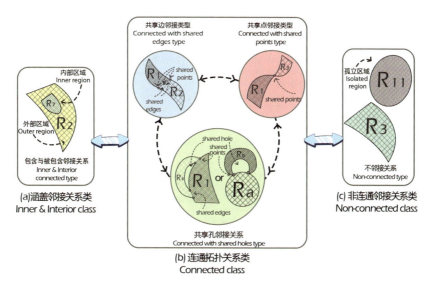

图 3-4　Cel 动画拓扑变化与相邻关系分类

根据区域邻接关系分类，区域的拓扑可以表达为一个关于区域的邻接矩阵，如图 3-5 所示。

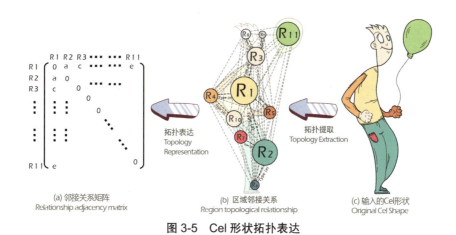

图 3-5　Cel 形状拓扑表达

已知构成 S 的区域集合 $R = \{R_1, R_2, \cdots, R_n\}, n > 0$。其中 R_n 表示一个区域，n 表示 Cel 形状中区域的数量。区域的拓扑可以表达为一个 $n \times n$ 的对称矩阵 $A = (a_{ij})$，该矩阵符合式（3-3）。

$$a_{ij} = \begin{cases} 0 & \text{若} \quad i = j \\ \phi_{ij} & \text{其他} \end{cases} \quad (3\text{-}3)$$

其中 a_{ij} 为矩阵 A 中的元素，ϕ_{ij} 代表了 R_i, R_j 之间的相邻关系类型。利用该表达不仅可以提取出一个区域周围所有的邻居区域，还能找到孤立的区域，比如图 3-3 的区域 R_{11}。

2. 几何表达

根据第二章对形状的定义可知，一个形状可视为过滤掉位置、尺度和旋转等影响后所剩余的所有信息[69]。已知 Cel 形状区域是由笔画轮廓所围成的封闭领域，区域的几何信息可以表达为区域的轮廓发生相似变换后仍保持不变的几何信息。本方法将一个区域看作关于其轮廓有序的离散点列表，该列表可以任意设置起点，如图 3-6 所示。该轮廓点可以完全刻画一个区域的几何外形，即使该区域发生了相似变换，其外形仍然不变。该方法不仅能表达几何内蕴量，也可以提取质心、面积等外蕴信息。

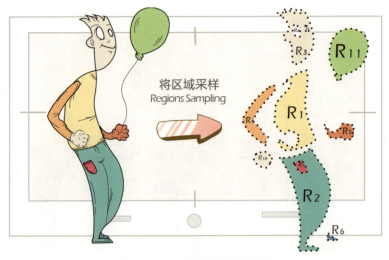

图 3-6　Cel 形状区域几何表达

由于方法中输入的 Cel 形状为矢量化数据，所以轮廓离散点可以任意采样。在本方法中，轮廓点以逆时针方向进行采样，采样方式为根据弦长均匀采样，采样率越高得到的精确度越高。在匹配过程中给一个参照区域和目标区域，其轮廓 C 和 C' 公式化向量表达为式（3-4），它们的轮廓点数量一致，且根据索引顺序一一对应。

$$\begin{aligned} \boldsymbol{C} &= [x_1, y_1, x_2, y_2, \cdots, x_m, y_m]^{\mathrm{T}} \\ \boldsymbol{C}' &= [x_1', y_1', x_2', y_2', \cdots, x_m', y_m']^{\mathrm{T}} \end{aligned} \qquad (3\text{-}4)$$

其中，x_m, y_m, x_m', y_m' 是采样的轮廓点，且它们对应匹配，m 表示采样大小。

三、区域相似度度量方法

本章方法基于区域的相似程度构建 Cel 形状的区域匹配，因此提出一个适合 Cel 形状区域的相似度度量方法是精确匹配方法的核心之一。在问题描述中提到方法需要同时考虑区域的几何和拓扑差异，所以本章方法提出了基于 Kendall 形状空间的区域几何相似度度量方法和拓扑相似度度量方法，如图 3-7 所示。这些方法充分利用了 Cel 形状几何和拓扑表达的特点，并为形状伴随图的构建提供了节点属性信息和边属性信息，具体如下。

1. 几何相似度度量方法

在实际动画创作过程中，Cel 形状区域经常会因为动画角色不同的镜头语言和场面调度发生透视、大小、角度、伸缩以及弯曲等变形，而且这些变形范围通常较大。这对于依赖外蕴几何信息的度量方法具有极大的挑战。为了解决上述问题，本章引入 Kendall 形状空间理论计算区域几何相似度 d_{Geom}。该方法能够提取两个区域的内蕴的几何差异，因而不受动画过程中区域平移、缩放和旋转的影响，对 Cel 形状区域的相似变化非常鲁棒，而且适合度量带有较大变形的区域几何差异。根据第二章介绍的 Kendall 形状空间理论，计算 Cel 形状区域的几何相似度可以分为 3 个步骤：构建形状空间、计算测地距离,以及寻找轮廓初始点。

(1)构建形状空间

给定参考区域和目标区域表达 C 和 C',如式(3-4),该过程需要去除平移、缩放和旋转的影响。首先是去除平移影响,如式(3-5)所示。

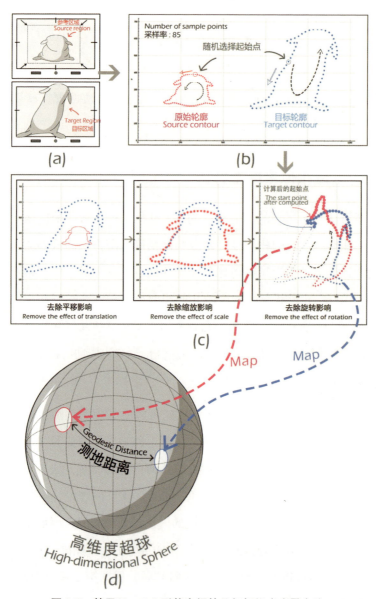

图 3-7 基于 Kendall 形状空间的几何相似度度量方法

图 3-7（a）是来自不同关键帧中的两个 Cel 形状——参照形状与目标性状。（b）是采样后的参照轮廓与目标轮廓。（c）是构建形状空间的过程，包括去除平移、旋转以及缩放的影响。在去除旋转的过程中，起始点可被计算。图中根据轮廓点的大小和顺序可以找到起始点。（d）是一个形象化的高维超球，去除平移、旋转及缩放影响的轮廓被映射在该球表面上，两点之间的测地距离则为两个轮廓的相似度差异。

$$\boldsymbol{C}_T = \left(x_1^T, y_1^T, x_2^T, y_2^T, \cdots, x_m^T, y_m^T\right)$$

$$\text{这里，} (\bar{x}, \bar{y}) = \left(\frac{1}{m}\sum_{k=1}^m x_k, \frac{1}{m}\sum_{k=1}^m y_k\right), x_k, y_k \in \boldsymbol{C}$$

$$x_k^T = x_k - \bar{x}, y_k^T = y_k - \bar{y}, k = 1, 2, \cdots, m$$

$$\boldsymbol{C}_T' = \left(x_1'^T, y_1'^T, x_2'^T, y_2'^T, \cdots, x_m'^T, y_m'^T\right) \quad (3\text{-}5)$$

$$\text{这里，} (\bar{x}', \bar{y}') = \left(\frac{1}{m}\sum_{k=1}^m x_k', \frac{1}{m}\sum_{k=1}^m y_k'\right), x_k', y_k' \in \boldsymbol{C}'$$

$$x_k'^T = x_k' - \bar{x}', y_k'^T = y_k' - \bar{y}' \quad k = 1, 2, \cdots, m$$

其中，$(\bar{x}, \bar{y})$ 和 $(\bar{x}', \bar{y}')$ 表示 $\boldsymbol{C}$ 和 $\boldsymbol{C}'$ 的质心。$\boldsymbol{C}_T$ 和 $\boldsymbol{C}_T'$ 表示 $\boldsymbol{C}$ 和 $\boldsymbol{C}'$ 去除平移之后的结果。接下来是去除区域尺度的影响，如式（3-6）。

$$\boldsymbol{C}_S = \left(x_1^S, y_1^S, x_2^S, y_2^S, \cdots, x_m^S, y_m^S\right) = \frac{\boldsymbol{C}_T}{\alpha_C}$$

$$\text{这里，} \alpha_C = \sqrt{\sum_{k=1}^m \left[\left(x_k^T\right)^2 + \left(y_k^T\right)^2\right]}$$

$$\boldsymbol{C}_S' = \left(x_1'^S, y_1'^S, x_2'^S, y_2'^S, \cdots, x_m'^S, y_m'^S\right) = \frac{\boldsymbol{C}_T'}{\alpha_C'} \quad (3\text{-}6)$$

$$\text{这里，} \alpha_C' = \sqrt{\sum_{k=1}^m \left[\left(x_k'^T\right)^2 + \left(y_k'^T\right)^2\right]}$$

其中 $\boldsymbol{C}_S$，$\boldsymbol{C}_S'$ 表示 $\boldsymbol{C}_T$，$\boldsymbol{C}_T'$ 去除尺度后的区域轮廓点。α_C 和 α_C' 是 $\boldsymbol{C}$ 和 $\boldsymbol{C}'$ 的尺度。至此，预形状空间构建完成，两个区域轮廓点通过归一化映射到了一个 S^{2m-4} 维度的超球上。下一步是去除旋转群 SO(2) 的影响，从而构建最终的 Kendall 形状空间。这一步可视为使用最小二乘方法寻找一个能使两向量在去除旋转变换后最小化欧氏距离平方的旋转角度 θ，根据 θ 将

C'_S 旋转成 C'_R，具体如式（3-7）。

$$C'_R = \left(x_1^{'R}, y_1^{'R}, x_2^{'R}, y_2^{'R}, \cdots, x_m^{'R}, y_m^{'R}\right)$$

这里，$\begin{bmatrix} x_k^{'R} \\ y_k^{'R} \end{bmatrix} = \begin{bmatrix} \cos\theta & \sin\theta \\ -\sin\theta & \cos\theta \end{bmatrix} \begin{bmatrix} x_k^{'S} \\ y_k^{'S} \end{bmatrix}$

$k = 1, 2, \cdots, m$ （3-7）

$$\theta = \arctan\left[\frac{\sum_{k=1}^{m}\left(x_k^S y_k^{'S} - x_k^{'S} y_k^S\right)}{\sum_{k=1}^{m}\left(x_k^S x_k^{'S} + y_k^S y_k^{'S}\right)}\right]$$

（2）计算测地距离

在 Kendall 形状空间构建完成后，区域 C 和 C' 可以理解为形状空间中映射在 $2m-4$ 维度的超球 S^{2m-4} 上的两个点 V_a 和 V_b。根据 Kendall 理论中式（2-42）可知，形状的几何相似度差异为 V_a 与 V_b 之间的测地距离。又因为这两个点是嵌在球面上的，所以它们的测地距离即为两点间大圆的弧长。所以，C 和 C' 的几何相似度可以通过式（3-8）获得。

$$d_{\text{kendall}}(S_a, S_b) = d_{S^{2m-4}}(V_a, V_b) = \arccos|\langle V_a, V_b \rangle| \quad (3\text{-}8)$$

（3）寻找轮廓初始点

根据 Kendall 形状空间理论，C 和 C' 中的点需要具有正确的一一映射，也就是说 Kendall 模型对 C 和 C' 中的轮廓点采样数量和顺序非常敏感。如果 C 和 C' 中的轮廓点数量不一致，则无法构建形状空间。如果 C 和 C' 的轮廓的起始点发生改变，那么可视为轮廓的形状发生改变，因此得到的几何相似度也会有所不同。鉴于这里的轮廓点是带有顺序的，则起点的对应决定了相似度的计算精度。为了找到正确的起始点对应，本章方法固定 C 的轮廓起始点 P 不变，按照逆时针顺序迭代更换 C' 的起始点 P'，通过迭代方式计算目标函数 f 的最小值，找到了最小值也就意味着找到了轮廓起始点的对应，该目标函数表达如式（3-9）所示。

$$P' = \underset{P' \in C'}{\arg\min} f = \underset{P' \in C'}{\arg\min} \| d_{S^{2m-4}}(V_a, V_b) \| \quad (3\text{-}9)$$

计算区域几何相似度 d_{Geom} 的整个过程通过伪代码展示，如算法 1 所示。该算法时间消耗最大之处在于不停迭代起始点进行多次计算，因此整个算法的时间复杂度为 $O(n)$，这里的 n 代表轮廓采样点个数。

算法 1 基于 Kendall 形状空间的 Cel 形状区域几何相似度计算

输入：参考区域几何表达 C 与目标区域几何表达 C'

输出：几何相似距离 d_{Geom}

1：平移 C 和 C'，使之变为 C_T 和 C'_T

2：去除 C_T 和 C'_T 尺度，使之变为 C_S 和 C'_S

3：repeat

4：更新 C'_S 的起始点 P'

5：计算 C_S 和 C'_S 的旋转夹角 θ

6：构建关于 θ 的旋转矩阵，旋转 C'_S 为 C'_R

7：计算 C_R 与 C'_R 之间的测地距离 $d_{kendall}$

8：until 找到最小的测地距离 $d_{kendall}(\min)$

9：将 $d_{kendall}(\min)$ 赋值于 d_{Geom}

10：return d_{Geom}

2. 拓扑相似度度量方法

根据上文对 Cel 形状区域拓扑的定义，本方法提出的拓扑相似度可以理解为联合区域对之间的相邻关系差异。计算相邻关系的差异是一个挑战，因为相邻关系是定性的变量，其差异很难通过计算方式获得可量化的精确值。现有的相关工作[18、38、39]对于拓扑分析比较简单，通常先简单地提取相邻区域间的空间相关关系，例如区域质心的角度、邻接边界的长度等，然后对这些空间关系进行比较。这种相似度计算的问题在于存有很大误差。

为了能够得到更为精确的拓扑相似度度量，本章提出基于 Kendall 形状空间的拓扑度量方法。该方法通过一系列操作，将联合区域对构建成多个新生成的几何形状，这些几何形状很好地保留了区域之间的拓扑关系特征，例如相对位置关系、相交点、相交边界外形等，通过基于 Kendall 形状空间的几何相似度度量方法计算这些形状的拓扑差异。这种做法不仅利用了拓扑类型定性的差异，还能定量地计算出精确差异。

（1）融合与分割操作

首先定义两种作用于联合区域对的操作，即融合操作和分割操作。这些操作方法利用了拓扑表达中的边界信息和相交信息，如共享边、共享点等。由于联合区域对的拓扑关系有多种，所以融合和分割操作也会根据邻接关系的不同而有所调整，如图 3-8 所示。

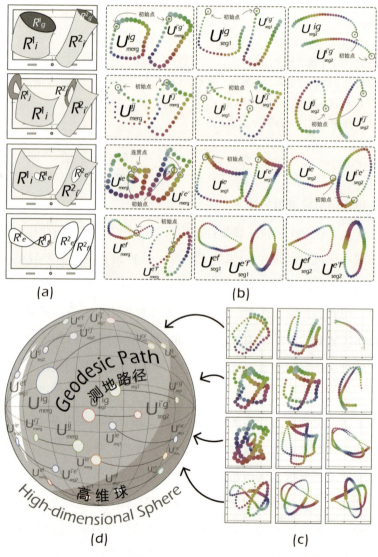

图 3-8　拓扑相似度度量方法中的区域融合与分割操作

图 3-8 中，(a) 为输入的 Cel 形状，它们带有不同的拓扑邻接关系类型；(b) 为根据不同的拓扑关系类型进行的区域融合和分割结果，第一列为融合的结果，第二、三列为分割后的结果；(c) 为对融合或分割后的物体构建形状空间；(d) 为融合或分割的物体在同一个超球上的样子。

① 区域融合操作

给定两个区域 R_i^1 和 R_j^1，区域融合操作则是将 R_i^1 和 R_j^1 根据拓扑关系 ϕ_{ij}^1 融合为一个新的区域 U_{merg}^{ij}，如图 3-8（a）所示，该操作根据联合区域对的共享边界信息进行构建。当 ϕ_{ij}^1 属于连通邻接关系类时，融合方法首先去除共享边和共享孔，然后沿着联合区域对外围轮廓逆时针进行采样，采样率为 H。值得一提的是，当邻接类型为共享点邻接类型时，外围轮廓采样过程会经过两次共享点。当 ϕ_{ij}^1 属于涵盖邻接关系类时，该方法首先提取出两个闭合轮廓，外轮廓（Outer contour）和内轮廓（Inner contour），沿逆时针对外轮廓和内轮廓分别进行采样，得到两个轮廓点序列，每个序列采样率分别为 $\frac{H}{2}$ 个。然后寻找内、外轮廓欧氏距离最小的两个点 P_{outer} 和 P_{inner}。最终将 P_{outer} 和 P_{inner} 设置为两个点序列的起始点，将外轮廓和内轮廓点序列首尾相连，组成一个新的具有 H 个采样点的序列，该序列就是 U_{merg}^{ij}，如图 3-8（a）所示。当 ϕ_{ij}^1 属于非连通邻接关系类时，忽略融合操作，没有 U_{merg}^{ij} 生成。

② 区域分割操作

同样给定两个区域 R_i^1 和 R_j^1，区域分割操作则是将 R_i^1 和 R_j^1 根据拓扑关系 ϕ_{ij}^1 分割成 U_{seg1}^{ij} 和 U_{seg2}^{ij} 两条开曲线，如图 3-8（b）所示。和融合操作一样，分割操作同样依据 ϕ_{ij}^1 有不同的处理过程。当 ϕ_{ij}^1 属于连通邻接关系类时，找到外轮廓上的共享点作为分割点，将外轮廓分成两条曲线，如图 3-8（b）所示。曲线的起点与终点可以根据区域轮廓逆时针方向进行判断，将两条曲线进行采样，采样率同样为 H，最终这两个采样点序列为 U_{seg1}^{ij} 和 U_{seg2}^{ij}。

值得注意的是，当邻接类型为共享点邻接类型时，U_{seg1}^{ij} 和 U_{seg2}^{ij} 的起点

和终点都是共享点。当 ϕ_{ij}^1 属于涵盖邻接关系类时，这里同样利用融合操作找到内外轮廓的起始点。根据起始点将内外轮廓切割成两个轮廓，外轮廓分割成曲线 U_{seg1}^{ij}，内轮廓分割成曲线 U_{seg2}^{ij}，它们的采样率为 H。当 ϕ_{ij}^1 属于非连通邻接关系类时，忽略分割操作。

（2）计算拓扑相似度

通过融合和分割操作后，联合区域对之间的拓扑相似度可被转化为融合和分割操作后形状的几何相似度，利用之前所提到的基于 Kendall 形状空间的几何相似度度量方法对这些几何形状进行度量。给出两个来自不同 Cel 形状的联合区域对 P_{ij}^1 和 $P_{i'j'}^2$，对其进行融合和分割操作后，P_{ij}^1 被转化为 $U_{\text{merg}}^{ij},U_{\text{seg1}}^{ij}$ 以及 U_{seg2}^{ij}，$P_{i'j'}^2$ 被转化为 $U_{\text{merg}}^{i'j'}$，$U_{\text{seg1}}^{i'j'}$ 和 $U_{\text{seg2}}^{i'j'}$。首先对两个新生成的闭合区域 U_{merg}^{ij} 和 $U_{\text{merg}}^{i'j'}$ 进行相似度度量，得到的结果表示为 $d_{\text{Geom}}\left(U_{\text{merg}}^{ij}, U_{\text{merg}}^{i'j'}\right)$。然后分别对 $U_{\text{seg1}}^{ij}, U_{\text{seg1}}^{i'j'}$ 和 $U_{\text{seg2}}^{ij}, U_{\text{seg2}}^{i'j'}$ 进行相似度度量。得到的结果为 $d_{\text{Geom}}\left(U_{\text{seg1}}^{ij}, U_{\text{seg1}}^{i'j'}\right)$ 和 $d_{\text{Geom}}\left(U_{\text{seg2}}^{ij}, U_{\text{seg2}}^{i'j'}\right)$。方法同样使用基于 Kendall 形状空间的度量方法计算开曲线的几何相似度，开曲线度量与闭合轮廓度量方法的区别在于，在计算闭合轮廓时需要寻找两个轮廓的起始点，如式（3-9），而开曲线度量不需要此过程，因为开曲线数据在输入算法之前就已经确定了起始点。基于上述几何相似度，P_{ij}^1 和 $P_{i'j'}^2$ 的拓扑相似度可以表示为式（3-10）。

$$d_{\text{Topo}} = d_{\text{Geom}}\left(U_{\text{merg}}^{ij}, U_{\text{merg}}^{i'j'}\right) + \lambda\left[d_{\text{Geom}}\left(U_{\text{seg1}}^{ij}, U_{\text{seg1}}^{i'j'}\right) + d_{\text{Geom}}\left(U_{\text{seg2}}^{ij}, U_{\text{seg2}}^{i'j'}\right)\right] \quad (3\text{-}10)$$

其中 λ 表示权重，用来调节各种拓扑特征的重要性。

四、构建形状伴随图

为了构建式（3-2）中的亲和矩阵 M，本章提出了形状伴随图（Shape Association Graph，SAG）的概念。给定 A_{s_1} 和 A_{s_2} 为两个 Cel 形状 S_1 和 S_2 的区域邻接矩阵，它们由区域集合 $R_{s_1}=\left\{R_1^1, R_2^1, \cdots, R_n^1\right\}$ 和 $R_{s_2}=\left\{R_1^2, R_2^2, \cdots, R_m^2\right\}$

构建而成，其中区域的数量分别为 n 和 m。$R_i^1, R_j^1 \in R_{S_1}$ 与 $R_{i'}^2, R_{j'}^2 \in R_{S_2}$ 为任意两个来自 S_1 和 S_2 的区域。根据拓扑表达定义可知，A_{S_1} 矩阵中的元素 a_{ij}^1 可以定义为 R_i^1 和 R_j^1 构成的联合区域对 $P_{ij}^1 = \langle R_i^1, R_j^1 \rangle$。同理，$A_{S_2}$ 矩阵中的元素 a_{ij}^2 可以定义为 $P_{i'j'}^2 = \langle R_{i'}^2, R_{j'}^2 \rangle$。它们的邻接关系分别为 ϕ_{ij}^1 和 $\phi_{i'j'}^2$。假设 R_i^1 和 $R_{i'}^2$ 为一对将会匹配的匹配候选，将其绑定为一个节点 $V_{ii'}$，这个节点则可理解为一个候选匹配。同理，R_j^1 和 $R_{j'}^2$ 可以绑定为候选匹配 $V_{jj'}$。由 A_{S_1} 和 A_{S_2} 构建的伴随图 G_{SAG} 用式（3-11）表示。

$$G_{SAG}(A_{S_1}, A_{S_2}) = (V_{SAG}, E_{SAG}, A_{V_{SAG}}, A_{E_{SAG}}) \tag{3-11}$$

其中节点 V_{SAG} 为匹配候选对集合。$E_{SAG} = \{E_{(V_{ii'}, V_{jj'})} \mid i, j = 1, \cdots, n, i', j' = 1, \cdots, m\}$ 代表边集合。$E_{(V_{ii'}, V_{jj'})}$ 表示 $V_{ii'}$ 与 $V_{jj'}$ 之间的边。节点属性 $A_{V_{SAG}} = \{A_{V_{SAG}}^{ii'}\}$ 表示几何相似度的集合，其中元素 $A_{V_{SAG}}^{ii'}$ 表示匹配候选 $V_{ii'}$ 中 R_i^1 和 $R_{i'}^2$ 的几何相似距离。边属性 $A_{E_{SAG}} = \{A_{E_{SAG}}^{iji'j'}\}$ 代表了 $V_{ii'}$ 与 $V_{jj'}$ 的拓扑相似距离集合。从上述描述可知，SAG 可以用来组织和表达 Cel 形状之间所有匹配候选的关系，并且能够反映匹配候选之间的几何相似度和拓扑相似度。构建伴随图的具体条件和构建方法如图 3-9 所示。

1. 节点构建

构建节点 $V_{ii'}$ 时需要考虑 R_i^1 和 $R_{i'}^2$ 之间面积的影响。任意两个区域 $R_i^1 \in R_{S_1}$ 和 $R_{i'}^2 \in R_{S_2}$，只要符合面积约束条件，都可以形成一个候选对作为节点嵌入形状伴随图中，如图 3-8（e）所示。

假设 R_i^1 和 $R_{i'}^2$ 的面积表示为 a_i 和 $a_{i'}$。S_1 和 S_2 的总面积为 a_{s_1} 和 a_{s_2}。该区域面积约束可以表达为 a_i 与 a_{s_1} 的比例以及 $a_{i'}$ 与 a_{s_2} 的比例，它们的差小于一定范围 W_a，如式（3-12）所示。

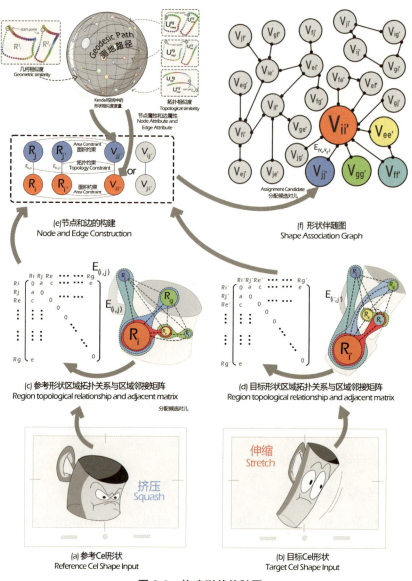

图 3-9 构建形状伴随图

图 3-9 中,(a)、(b) 为输入的 Cel 形状;(c)、(d) 为 Cel 形状的拓扑表达;(e) 为伴随图的节点、边以及各种属性的构建;(f) 为最终的形状伴随图。

$$\left| \frac{a_i}{a_{s_1}} - \frac{a_{i'}}{a_{s_2}} \right| < W_a, \text{其中 } W_a = \frac{\sum_{i=1,i'=1}^{n,m} \left| \frac{a_i}{a_{s_1}} - \frac{a_{i'}}{a_{s_2}} \right|}{m \times n} \quad i=1,\cdots,n, i'=1,\cdots,m \quad (3\text{-}12)$$

在方法中添加该面积约束是因为我们发现通常在动画中,单个区域的面积占整个 Cel 形状的面积的比例变化不大。即使某些区域因为镜头的推拉导致被挤压和拉伸,区域面积占整个 Cel 形状的比例也不会超过一定范围。该约束可以提高方法的匹配精度和算法执行效率,同时弥补本章几何相似度度量方法无法考虑几何外蕴差异的缺陷。

2. 边的构建

节点 $V_{ii'}$ 和 $V_{jj'}$ 能够构建为边 $E_{(V_{ii'},V_{jj'})}$ 需要满足两个条件,如图 3-8(e)所示。首先联合区域对 P_{ij}^1 和 $P_{i'j'}^2$ 的 ϕ_{ij}^1 和 $\phi_{i'j'}^2$ 必须属于相同的区域相邻关系类型。其次是 P_{ij}^1 和 $P_{i'j'}^2$ 的相邻关系类型不能为分离邻接关系类型,即 ϕ_{ij}^1 和 $\phi_{i'j'}^2$ 在邻接矩阵中的值不能为邻接类型。

举个例子,如果 ϕ_{ij}^1 为共享点邻接关系,$\phi_{i'j'}^2$ 为共享边邻接关系,如图 3-3 所示,则会在 $V_{ii'},V_{jj'}$ 之间生成一个边 $E_{(V_{ii'},V_{jj'})}$。因为共享点和共享边邻接关系都属于连通拓扑关系类型,如果 ϕ_{ij}^1 和 $\phi_{i'j'}^2$ 其中一个为分离邻接关系类型,则没有边生成。根据 E_{SAG},本章方法可以将 G_{SAG} 转化为一个新的邻接矩阵 $M^A = \{M_{kt}^A\} \in \{0,1\}_{nm \times nm}$,其中 k 和 t 分别表示 $V_{ii'}$ 和 $V_{jj'}$ 的索引,$k,t \in \{1,\cdots,nm\}$。该方法将所有的节点按固定的顺序排列,最终得到排列集 T,如图 3-8(f)所示,因此,M_{kt} 可以表示为式(3-13)。

$$M_{kt} = \begin{cases} 1 & 若 V_{ii'} 和 V_{jj'} 存在一个边 \\ 0 & 其他 \end{cases} \quad (3\text{-}13)$$

3. 节点与边属性的设置

如图 3-8(e)所示,在伴随图中,节点属性代表了候选对中两个区域的几何相似度,如节点 $V_{ii'}$ 的几何属性可以表达为 $R_i, R_{i'}$ 的几何差异,用 $W_{\text{Geom}}^{ii'}$ 表示该几何相似度,并使用本章所提到的基于 Kendall 形状空间的几何相似度度量法计算 $W_{\text{Geom}}^{ii'}$,因此 $V_{ii'}$ 的属性值为 $W_{\text{Geom}}^{ii'} = d_{\text{Geom}}(R_i, R_{i'})$。边的属性可以表达为两个联合区域对 P_{ij}^1 和 $P_{i'j'}^2$ 之间的拓扑差异,这里用 $W_{\text{Topo}}^{iji'j'}$ 表示边 $A_{E_{SAG}}^{iji'j'}$ 的属性。在构建边的过程中,该方法已经将联合区域对根据连通性进行了区分，然而这只是定性的一种区分，还需要一种可量化的度量方法较为精确地测量拓扑相似度，因此这里同样使用本章提到的拓扑相似度度量方法，则边属性的值可以表达为 $W_{\text{Topo}}^{iji'j'} = d_{\text{Topo}}\left(P_{ij}^1, P_{i'j'}^2\right)$。

五、谱匹配方法

通过分析发现，式（3-2）可以转化为一个二次分配问题，因此我们引入一个谱匹配方法来求解二次分配问题。

根据线性代数的知识可知，$MV = \lambda V$，λ 表示矩阵 M 的特征值。V 是对应 λ 的特征向量。如果这里对上述公式左右两边同时乘以 V^{T}，确保 $V^{\text{T}}V = 1$，V 是一个单位向量，则该公式可以更新为 $V^{\text{T}}MV = \lambda$。因此，这里可以得到式（3-14）。

$$\lambda_{\max} = \max_{V} V^{\text{T}}MV \qquad (3\text{-}14)$$

其中 $\lambda_{\max}$ 代表矩阵 M 最大的特征值。假设 $\text{vec}(X^*)$ 是最大特征值对应的特征向量，则 $\lambda_{\max} = V^{*\text{T}}MV^*$。这里可以看出式（3-2）和式（3-14）的不同是，当 $V^* \in \mathbb{R}^{nm}$ 是特征向量时，$\text{vec}(X^*)$ 有一些约束条件。因此，本章引入谱匹配方法[123-125]，通过谱放松将 $\text{vec}(X^*)$ 变为特征向量来解式（3-14）。首先找到矩阵 M 的最大特征值 $\lambda_{\max}$ 以及它所对应的特征向量 V^*。由于二元向量 $\text{vec}(X^*)$ 中的值为 0 或 1，而 $\text{vec}(X^*)$ 是一个实值向量，方法需要将 V^* 变为二元向量，所以需要通过约束条件将 V^* 聚类为值是 0 和 1 的两个部分，然后根据判断 0 或 1 找到最终的区域匹配。上述谱匹配方法可以总结为以下几个步骤。

步骤 1

根据形状伴随图诱导出一个非负对称的亲和矩阵 $M = \{M_{kt}\}_{nm \times nm}$，如图 3-10 所示。其中 $k, t \in 1, \cdots, nm$。M_{kt} 表示第 k 个候选匹配 (R_i^1, R_i^2) 与第 t 个候选匹配 $(R_j^1, R_{j'}^2)$ 之间的相似距离。由于在形状伴随图构建的过程中定义的拓扑与几何差异都是距离，根据公式（3-2）求最大值的要求，方法需要将距离转化为相似度，所以矩阵 M 需要进行如下重新定义。

（1）如果 $k = t$ 时，设置 M_{kt} 如式（3-15）所示。

$$M_{kt} = \exp^{-\left(W_{\text{Geom}}^{ii'} \times 5\right)^2} \tag{3-15}$$

（2）如果 $k \neq t$ 时，将几何相似度和拓扑相似度融合在一起进行计算。由于在相似度度量方法中几何和拓扑相似度都是使用同一种尺度方法，即 Kendall 形状空间中的度量，所以这样做是合理的。由此可得式（3-16）。

$$M_{kt} = \begin{cases} \exp^{-\left(W_{\text{Geom}}^{ii'} + W_{\text{Geom}}^{jj'} + W_{\text{Topol}}^{iji'j'}\right)} & M_{kt}^A = 1 \\ 0 & M_{kt}^A = 0 \end{cases} \tag{3-16}$$

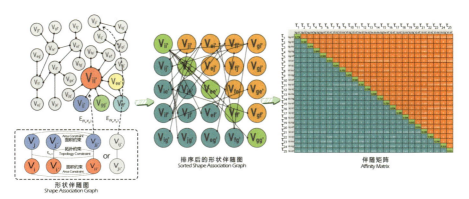

图 3-10　构建亲和矩阵

步骤 2

对矩阵 M 执行谱分解，分解后可以得到特征值 $\{\lambda_1, \lambda_2, \cdots, \lambda_{n \times m}\}$，随后提取主特征值，即特征值中最大值 $\lambda_{\max}$，及其所对应的特征向量 V^*。

步骤 3

对 V^* 进行降序排序，以便之后对其进行二元分类，如图 3-11 所示。另外，这里需要初始化 $\text{vec}(X^*)$ 为一个 $nm \times 1$ 大小的零向量。

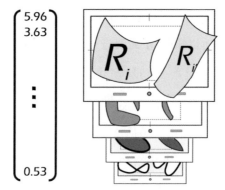

图 3-11　特征向量对应的匹配候选以及排序

步骤 4

检查 V^* 中最大的元素 $V^*(i)$ 是否属于 1。在这个过程中，$V^*(i)$ 是某个候选匹配的索引，如果发现索引在 $\text{vec}(X^*)$ 中已经存在，那么忽视 $V^*(i)$。如果发现它没有被挑选过，那么将其选入 $\text{vec}(X^*)$，即设置 $\text{vec}(X^*)_{ij} = 1$。

步骤 5

如果发现参照 Cel 形状中所有的区域都找到了一对一的对应，则返回 $\text{vec}(X^*)$ 的值，并进行下一步。如果没有找到对应的，则将 $V^*(i)$ 的下一个最大值作为 $V^*(i)$，然后返回并执行步骤 4。

步骤 6

根据 T 将 $\text{vec}(X^*)$ 转化成为一个 $n \times m$ 的矩阵，然后根据 0 和 1 的指示以及对候选匹配的索引就能得到最终的区域匹配 X^*。

本章引入的谱匹配方法避免了匹配问题固有的组合爆炸情况，而且对噪音非常的鲁棒。由于矩阵 M 为稀疏矩阵，在步骤 2 中计算特征向量过程的计算复杂度不会超过 $O\left(n^{\frac{3}{2}}\right)$，整个算法过程在实践中计算复杂度低于 $O(n^2)$，这里 n 代表区域候选匹配的个数。整个 Cel 形状区域匹配中的谱匹配算法伪代码如算法 2 所示。

算法 2 Cel 形状区域匹配中的谱匹配算法
输入：Cel 形状伴随图
输出：Cel 形状区域一对一匹配 D
1：初始化一个空的字典数据类型 D，该字典能够存储匹配区域之间的索引
2：根据排序 T 和 Cel 形状伴随图，构建对称矩阵 $\boldsymbol{M}$
3：对 M 进行特征分解，获得特征值 max 和对应的特征向量 V
4：repeat
5：找到 V^* 中的最大值 $V^*(i)$，并根据顺序 T 找到匹配区域之间的索引 D_{ij}
6：if D 中不存在 D_{ij}，then 将 D_{ij} 存入 D
7：end if
8：将 $V^*(i)$ 从 V^* 中删除
9：until 任意一个 Cel 形状中所有区域找到了一对一匹配或者 V^* 为空
10：return Cel 形状区域一对一匹配 D

六、实验结果与分析

为了评估方法的有效性，下面展示将该方法应用在 10 个真实动画案例上的效果，并与现有经典方法进行对比。目前没有公认的数据库进行测试，因此我邀请了多名工作在产业一线的专业动画师提供了 10 个具有挑战性的案例，它们体现了 Cel 动画工业生产中形状匹配的典型困难和挑战。这些动画师一致认为，如果本书所提出的方法能解决这些案例的匹配问题，则可以说明该方法能够有效帮助动画师应对实际动画创作中的匹配情况。

表 3-1、图 3-12 和图 3-13 展示了每个案例的参照 Cel 形状和目标形状以及案例细节。在这些案例中，所有 Cel 形状均带有较大几何变形和拓扑不一致的情况，其中 Soldier、Jumping girl 和 Walk forward 案例都含有数量庞大的区域（高于 65 个区域），这会给方法带来较大的计算量。在最具有挑战的 Walk forward 案例中，高达 75% 的区域发生了拓扑变化。Dwarf 案例和 Singer 案例具有左右结构对称性，而且在对称的位置，比如胳膊和腿部都具有几何变形。Head 案例和 Hat 案例均具有三维空间的角度旋转，这种情况会导致 Cel 形状在动画过程中产生大量新生成区域或者有大量区域退化消失。此外，Head 案例还存有大量包含与被包含的区域拓扑关系类型。

计算机辅助 Cel 动画技术：Cel 动画形状匹配方法研究

Dragon 案例和 Jumping girl 案例的整体形状有严重的变形。而且在 Dragon 案例中，嘴巴和尾巴的位置都有拓扑结构不一致的问题，并且包含大量相似且琐碎的形状，比如龙背上的鳞片。在 Angry man 案例中，Cel 形状一整块区域群组在动画过程中被分割成帽子和身体两个区域组。在 Dog 案例

图 3-12 案例（a）—（e）的方法效率实验分析

中，有 57% 的区域由于右胳膊的遮挡发生了拓扑变化，而且大部分区域带有相似变换。总的来说，这些案例能够从多方面验证方法的有效性。

图 3-13 案例 (f)—(j) 的方法效率实验分析

该方法使用图形工作站来执行算法，该工作站带有 2.4GHz Intel（R）Xeon（T）CPU 和 16GB 内存，以及 NVIDIA Quadro M4000 图形卡。区域轮廓采样率为每个轮廓平均采 100 个点。根据测试，式（3-10）中 λ 值设为 0.25—0.35 时方法效率最高。实验将错误匹配区域与所有区域的比例作为衡量匹配准确率的方法，通过观察匹配准确率和算法运行时间来评估方法的效率，具体细节如下。

1. 方法效率实验分析

为了更好地分析算法的效率和框架中各个部分的贡献，这里首先展示了该方法在以下 4 种情况下应用的结果。

（A）形状伴随图中只包含节点的几何相似度度量。

（B）形状伴随图的边上只包含融合操作后的拓扑相似度度量。

（C）形状伴随图的边上只包含分割后的拓扑相似度度量。

（D）形状伴随图中包含（A）、（B）、（C）提到的相似度度量。

表 3-1 所有实验案例的细节以及算法中单线程计算和多线程计算的时间消耗对比

案例	信息					单线程时间消耗/s	32 线程时间消耗/s
	参照区域数/个	目标区域数/个	衍生区域数/个	退化区域数/个	拓扑变化区域数/个		
Soldier	65	65	2	2	14	2869.65	275
Dwarf	37	36	0	1	4	257.08	26.08
Head	28	29	5	4	16	228.05	22.12
Dragon	41	38	0	3	8	369.13	39.03
Angry man	38	38	0	0	11	335.55	31.02
Singer	34	31	0	3	14	176.9	17.3
Hat	25	21	0	4	12	257.08	7.285
Jumping girl	66	68	2	0	26	3478.74	380.6
Dog	33	33	0	0	13	369.13	29.779
Walk forward	72	53	20	1	54	2135.61	231.854

通过该实验结果可以分析哪些相似度信息对方法的方法贡献更大。根据图 3-12 和图 3-13 可以看出，在情况（A）中，所有的案例平均准确率低

于 60%，这些案例中几何和拓扑不一致的区域都无法找到对应的匹配。比如 Soldier 案例的右胳膊和 Dragon 案例的躯干部分。从该实验结果可以发现，基于 Kendll 形状空间的相似度度量方法能够有效区分区域几何形状的差异，但本方法不能仅依靠几何相似度找到所有正确的区域匹配。

在（B）和（C）这两个案例中可以看出，相对于（A）情况，（B）情况匹配的平均准确率达到 64.39%，（C）情况达到了 79.23%。整体平均准确率有了大幅提高。这说明区域的拓扑相似度度量能够帮助本方法有效提高匹配的准确率，而且分割操作对于相似度度量的效率会更高。但是，只利用融合操作或分割操作后的拓扑相似度依然无法达到动画师对匹配率的要求。

在（D）情况下，匹配精度高达 94.86%，一半以上的案例达到了 100% 的准确度。分析错误的匹配可以看出，在 Soldier 案例和 Head 案例中都存在因拓扑结构变化导致原有形状中区域退化消失或者衍生新区域的情况。由于本方法一对一的匹配框架，这些本来就没有对应匹配的区域也会找到一个随机的匹配，从而导致错误匹配的发生，如图 3-14（a）中头发部位区域所示。但是在动画生产中，这些区域的匹配都会进行二次处理，所以这种情况会被动画师修正。在 Jumping girl 案例中，大部分错误的匹配区域都围绕在女孩的围裙周围。这是因为在本方法中，如果一个区域同时具有夸张的几何和拓扑变形，且周围的邻接区域同样发生这些变化，如图 3-14（b），那么这些区域将失去匹配的线索，从而无法确定如何寻找相应匹配。Walk forward 案例的准确率只有 73.6%，是所有案例中准确率最低的案例。从图 3-13（j）中可以看出，本方法对男孩头部周围的区域相对有效，越是远离头部的区域，匹配准确率越差。这是因为在该案例中只有 25% 区域在几何和拓扑属性上保持一致，而且这些区域大部分位于头部。如图 3-14（c）所示。27% 的参照区域也因为动画过程而发生退化，尤其是鞋子和右腿附近。该案例丢失了太多的几何和拓扑信息，对于人工区域匹配也是一个不小的挑战。

图 3-14 实验中错误匹配和具有挑战性区域的展示

2. 方法对比实验分析

为了说明方法的有效性，本章选取了目前具有代表性的区域匹配算法进行准确率和时间方面的对比，其中包括：SCM（Shape Context Matching）[126]、CARM（Computer Assisted Region Matching）[18]、HRM（Hierarchical Region Matching）[17] 以及 QPM（Quadratic Programming Matching）[37]。本实验将以上方法应用在上文提到的所有案例中，结果如图 3-15、图 3-16 所示。此外，本实验还评估了以上方法在 Cel 形状发生相似变换后所能发挥的效率，因为在动画工业制作中，由于角色翻滚，会经常发生因镜头调动而产生的相似变换。这样评估也能够有效检验方法在实际应用中的实用性。此实验会对所有案例进行随机移动、平移以及缩放，由对比方法进行处理。最终结果如图 3-17、图 3-18 所示。

根据表 3-2 可发现，SCM 方法的准确率最低。这是因为该方法只依赖于几何的相似度，而忽视了拓扑信息的功能，而且该几何相似度度量受相似变换的影响。这导致该方法无法准确处理具有拓扑变化的区域匹配。

CARM 方法在准确率方面只优于 SCM 方法。该方法只利用了区域的几何差异和局部拓扑特征，而且无法处理轮廓特征点模糊的区域匹配。另外，该方法的拓扑相似度计算过于简单，因此无法充分利用 Cel 形状的拓扑信息。在带有相似变换的实验中，CARM 方法的准确率有所下降，这说明该方法不能很好地处理带有相似变换的区域匹配。

第三章　Cel形状的区域精确自动匹配方法

图 3-15　案例（a）—（e）精确匹配算法对比方法的实验结果

表 3-2　不同对比方法下的平均匹配准确率和平均时间消耗

结果	方法				
	SCM	CARM	HRM	QPM	本方法
平均匹配准确率	13.4%	40.09%	42.52%	51.74%	94.86%
平均时间消耗	3.07s	42.144s	30.91s	178.29s	107.07s
平均匹配准确率（相似变换）	13.57%	29.93%	30.256%	5.65%	94.86%
平均时间消耗（相似变换）	3.63s	50.94s	31.97s	175.87s	105.62s

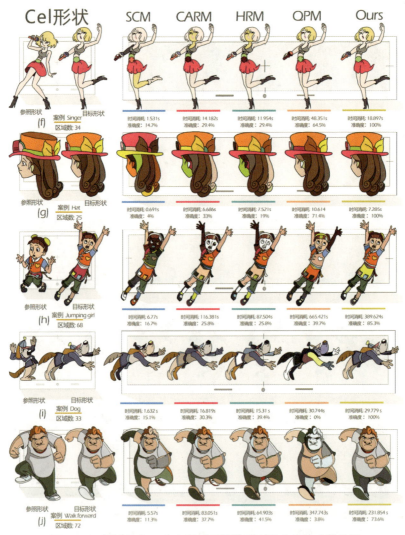

图 3-16 案例 (f) — (j) 精确匹配算法对比方法的实验结果

HRM 方法在准确率和时间消耗方面都略好于 CARM，这是因为对于 CARM，HRM 首先根据包含和被包含的拓扑关系对区域进行了分层，然后逐层进行区域匹配，因此提高了拓扑信息的利用率。但是在该方法中，如果一个根节点区域匹配失误，那么将会引发更多的错误匹配，如图 3-18 (f) 所示。该方法同样对于相似变换不够鲁棒。

QPM 方法在准确率方面好于以上 3 种方法，但时间消耗是最多的。

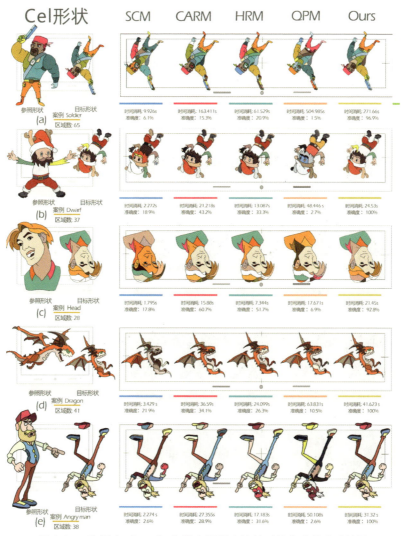

图 3-17 案例（a）—（e）带有相似变换的对比方法的实验结果

该方法没有依靠拓扑信息的帮助，而是考虑了所有潜在匹配对的差异，这大大增加了计算复杂度。而在相似度计算上，该方法依赖于区域的外蕴特征，如角度、大小等。这使得当区域出现相似变化时方法会产生大量的错误匹配，如图 3-18（i）所示。从表 3-2 中可以看出，该方法在相似变换实验中平均匹配准确率发生了断崖式下跌，这也充分说明该方法对相似变换过于敏感。

图 3-18　案例（f）—（j）带有相似变换的对比方法的实验结果

本方法在匹配准确率方面是以上方法中最高的实验证明了本方法很好地处理了带有较大的形状变化、拓扑不一致和拓扑不连通的动画匹配案例。此外，本方法在面对输入动画序列很少或者 Cel 形状进行相似变换的情况时也依然高效。

另外，虽然本方法比其他方法消耗的时间长，但可以通过引入并行计算技术，依靠硬件的性能减少算法的时间消耗。表 3-1 可以看出，在使用多线程的情况下，算法的效率有了大幅度提升。

第四章 Cel 形状的区域实时交互匹配方法

实时反馈匹配结果和交互匹配同样是 Cel 动画计算机辅助设计方法的重要功能。第三章所描述的 Cel 形状精确匹配方法虽然能够精确构建区域匹配,但仍存在时间耗费长的问题,且不允许用户进行交互干预。为解决该问题,本章提出了一个基于尺度形状空间和区域邻接图的实时匹配方法与交互匹配方法。该方法将区域精确匹配的二次分配问题简化为线性匹配问题,在同时考虑 Cel 形状区域拓扑信息与几何信息的情况下降低计算时间,从而实现可交互的实时 Cel 形状区域匹配。该方法使用基于尺度形状空间的几何相似度计算方法和区域邻接图拓扑信息,利用几何信息、局部拓扑信息和全局拓扑信息找到 Cel 形状区域间的正确匹配。该方法能够实现带有较大区域几何变形和拓扑不一致的区域匹配。以实时匹配方法为基础,本章还提出了一个交互方法和交互平台,允许用户对匹配结果进行交互干预。

一、区域实时交互匹配问题描述与方法框架

在第三章介绍精确匹配方法时,区域匹配问题被看作非线性的二次分配问题,该问题是一个 NP-Hard 问题,其无法在多项式时间内求解。为了降低计算时间,做到实时匹配,本章将 Cel 形状的区域匹配问题转化为能够在多项式时间内解决的线性分配问题。

给定两个 Cel 形状 $S_1 = \{R_1^1, R_2^1, \cdots, R_n^1\}$ 和 $S_2 = \{R_1^2, R_2^2, \cdots, R_m^2\}$,$R_k^1$ 表示 S_1 中第 k 个区域,R_t^2 表示 S_2 中第 t 个区域,n 和 m 表示区域的个数,在不失一般性的情况下 $n \leq m$。线性分配问题将精确匹配中的目标函数从二阶项

退化为一阶项，求解如何最优地找到一一映射 $X: S_1 \to S_2$，将每个参照区域与每个目标区域一一对应，使得最小化该分配的总代价。该问题可以公式化为式（4-1）。

$$\min \sum_{i=1}^{n} \sum_{j=1}^{m} C_{ij} X_{ij}$$
$$\sum_{i} X_{ij} = 1 \quad j = 1, 2, \cdots, m$$
$$\sum_{j} X_{ij} \leq 1 \quad i = 1, 2, \cdots, n \quad (4\text{-}1)$$
$$X_{ij} \in \{0,1\} \quad i = 1, 2, \cdots, n \quad j = 1, 2, \cdots, m$$

其中 $X = \{X_{11}, X_{12}, \cdots, X_{1m}, X_{21}, \cdots X_{2m}, \cdots, X_{n1}, \cdots, X_{nm}\}$ 表示一个匹配向量，$X_{ij} \in \{0,1\}$ 表示区域是否匹配，$X_{ij} = 1$ 表示 R_i^1 与 R_j^2 匹配，$X_{ij} = 0$ 表示区域不匹配。$C = \{C_{11}, C_{12}, \cdots, C_{1m}, \cdots, C_{21}, \cdots, C_{2m}, \cdots, C_{n1}, \cdots, C_{nm}\}$ 表示匹配过程中的代价向量，其中 C_{ij} 表示区域 R_i^1 与 R_j^2 的匹配代价。

式（4-1）的约束条件表明，S_1 中的区域只能与 S_2 中的区域匹配，且是至多一对一的匹配。根据线性分配理论和式（2-61）可知，该整数规划式（4-1）可以解释为带权二分图的最小权完美匹配问题。给一个由两个 Cel 形状区域构建的二分图形式 $G = (U, V; E)$，如图（4-1）所示，如果将两个 Cel 形状 S_1 和 S_2 中的所有区域都看作图 G 中的节点，则属于 S_1 的任意一个节点 $U_i = R_i^1 \in U$ 都存在一个节点 $V_j = R_j^2 \in V$，并构成一个边 $E_{ij} = (U_i, V_j) \in E$，

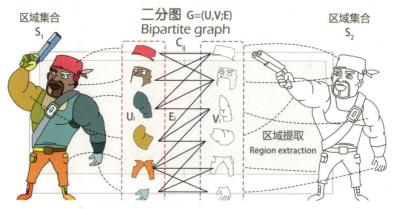

图 4-1　Cel 形状实时匹配问题转化为二分图匹配问题

且 E_{ij} 上会赋予一个权值 ω_{ij}，这个由 U_i, V_j, E_{ij} 组成的结构就是第三章中提到的匹配候选。因此，Cel 形状的实时匹配问题可被视为找到一组边集合 M 将节点集合分成 U, V 两组互不相交子集，M 中每条边依附的两个顶点分属于这两个互不相交的子集，并使得权重的总和最小，即第二章所提到的寻找二分图完美匹配问题，公式化描述如式（4-2）。

$$\min\left\{\sum_{(i,j)\in M} C_{ij} : M \text{ 是一个完美匹配}\right\} \quad (4\text{-}2)$$

其中邻接矩阵 $\boldsymbol{M} = (X_{ij})$，$C_{ij}$ 可视为区域之间的匹配代价。

由于式（4-2）是一个求解线性方程问题，该问题可以在多项式时间内解决，并已存在多种成熟的方法，比如 Kuhn-Munkres 算法[104]、Auction 算法[127]、LAPJV 算法[128]等。

在本章方法中，为了能够在相同度量空间下同时考虑区域之间的几何差异和拓扑差异，匹配过程中的匹配代价 C_{ij} 受到几何属性 W_{Geom}^{ij} 与拓扑属性 W_{Topo}^{ij} 的约束，因此 C_{ij} 可由 W_{Geom}^{ij} 和 W_{Topo}^{ij} 构成。本章利用尺度形状空间理论计算 W_{Geom}^{ij} 与 W_{Topo}^{ij}，并通过局部匹配方法和全局匹配方法来构建该匹配代价向量 $\boldsymbol{C}$。

本章的方法框架主要包括拓扑和几何表达、区域几何相似度度量、局部邻接区域匹配、全局最优区域匹配以及用户交互。

- 拓扑和几何表达：该部分负责提取和表达 Cel 形状区域的全局拓扑信息、局部拓扑信息以及区域几何属性的表达，如图 4-2（b）所示。

- 区域几何相似度度量：该部分引入基于尺度形状空间的度量方法计算不同区域的相似度，为局部邻接区域匹配过程提供线索以及计算推荐的区域匹配，如图 4-2（c）所示。

- 局部邻接区域匹配：该部分在两个局部邻接区域图之间寻找区域对应关系，并且向全局提供最佳区域匹配候选，如图 4-2（d）所示。

- 全局最优区域匹配：利用启发式的区域邻接图搜索算法提取全局拓

扑信息，对二分图匹配中的权重赋值，并提取最终的全局最优区域匹配关系，如图4-2（e）所示。

● 用户交互：提供交互方法和平台，通过交互方法和种子节点推荐方法为全局最优区域匹配部分提供初始种子节点，为用户提供匹配更正的操作指导，如图4-2（f）所示。

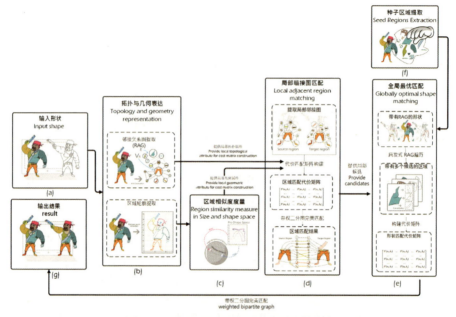

图 4-2 Cel 形状实时交互匹配方法框架

整个框架流程可以表述为：输入两个矢量化 Cel 形状，首先通过（b）构建两个形状的拓扑和几何表达，然后运行（e）直到找到最优区域对应。在（e）部分的计算过程中，（d）被迭代调用，它需要利用（c）中提到的区域相似性和（b）提供拓扑信息。（f）为用户推荐起始种子区域，允许用户交互地选取种子节点以及帮助用户更改（d）之后的匹配结果。

二、Cel 形状区域表达

为了能够提高匹配算法的效率，我们在基于精确匹配方法的表达方法上进行了改进。这些改进适用于实时匹配方法的匹配效率,具体细节如下。

1. 拓扑表达

本章方法中的拓扑表达沿用了第三章区域精确匹配方法中的邻接拓扑关系定义,并将 Cel 形状区域的全局拓扑信息和局部拓扑信息表达为区域邻接图(Region Adjacency Graph,RAG)以及局部区域邻接图(Local Region Adjacency Graph,LRAG)形式,用符号分别表示为 G_{RAG} 和 G_{LRAG},如图 4-3 所示。

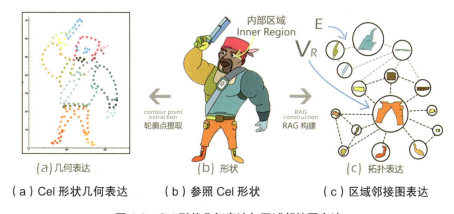

(a) Cel 形状几何表达　　(b) 参照 Cel 形状　　(c) 区域邻接图表达

图 4-3　Cel 形状几何表达与区域邻接图表达

区域邻接图是一个平面图,可以将其嵌入一个平面中,使得所有区域没有边缘交叉。RAG 中每个节点可以画在其相应的区域内,而边穿过相邻区域的边界,如图 4-4 所示,该图可以公式化为式(4-3)。

$$G_{RAG} = \{V_R, E, A_V, A_E\} \quad (4\text{-}3)$$

其中 V_R 是 Cel 形状中对应区域的顶点集合,$E \subseteq V_R \times V_R$ 是两节点之间边的集合,它表达了区域之间的邻接关系。两个集合 A_V 和 A_E 分别代表 V_R 和 E 的属性。其中 A_V 表示区域的几何属性,A_E 是定义的拓扑关系。G_{RAG} 不考虑互相重叠覆盖的情况,也就是不考虑图层的概念。和传统的区域邻接图[122]不同的是,RAG 不仅能够表示相邻的区域邻接关系,还可以表示包含与被包含的邻接关系。

本章提出了局部区域邻接图的概念，在 G_{RAG} 图中的任何一个节点 V_i 和它相邻的节点都可以组成一个特殊的子图，我们称该子图为局部区域邻接图，简称 LRAG，如图 4-4 所示。在 LRAG 中，V_i 被定义为主节点 V_{main}，与 V_{main} 相邻的节点被定义为邻接节点 V_{nb}。V_{main} 与所有的 V_{nb} 之间都会有唯一边 E' 相连，V_{nb} 之间同样可以存在代表邻接关系的边，因此 G_{LRAG} 可以表达为式（4-4）。

$$G_{LRAG} = \{V_R', E', A_V', A_E'\} \quad G_{LRAG} \subseteq G_{RAG} \tag{4-4}$$

其中 $V_R' = \{V_{main}, V_{nb}^1, V_{nb}^2, \cdots, V_{nb}^k\}$，$k$ 为邻居区域的个数。

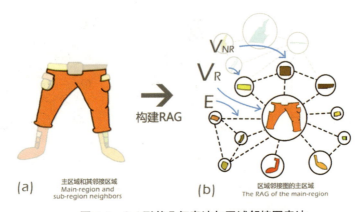

图 4-4　Cel 形状几何表达与区域邻接图表达

值得注意的是，内外包含关系的区域在 RAG 与 LRAG 中被特殊标记。RAG 与 LRAG 分别表示 Cel 形状全局的和局部的拓扑信息，根据该表达可以轻松地访问区域的邻居节点以及寻找节点之间的路径。对于 RAG 构建，本章方法利用了构建 Cel 形状时所生成的半边结构，根据半边结构判断区域的边界，从而构建区域拓扑邻接关系。对于 LRAG 的构建，同样借助半边结构所提取的边界信息对 RAG 进行分割。

2. 几何表达

本章采用区域轮廓点作为几何表达，即轮廓点采样的离散点序列表达。采样点数量和方法时间消耗直接相关，降低采样率能够有效降低几何相似度的计算时间，但会随之影响度量精度。为了能够在确保方法准确的前提下减少计算时间，本章通过实验寻找最优的采样率。随机给出 3 对区域，其中形状 1 和形状 3 外形相似，形状 2 和形状 3 外形完全不相似。实验以采样率 20 为基准，即每个轮廓均匀采样 20 个点，执行相似度计算记录计算时间和相似距离，随后通过迭代改变采样率，每次增加 5 点，直到采样率为 200。如图 4-5 所示，实验表明当采样率为 70 时，相似距离不会再随着采样率的增加而有大的变化，因此采样率设置为 70 时方法最有效。没有对精确匹配方法进行严格的采样限制是因为精确匹配方法本身需要采用精确的相似度计算结果，而实时匹配方法可以在框架流程上弥补区域相似度的少许误差。

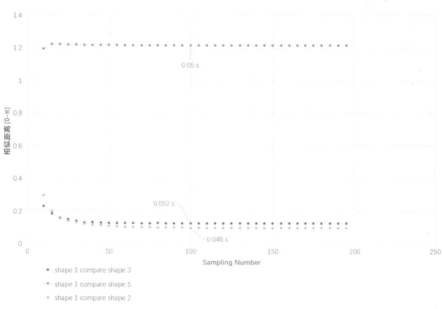

图 4-5　轮廓采样率测试

三、区域相似度度量方法

本章采用了基于尺度形状空间（Size-and-Shape Space）的区域几何相似度度量方法，该方法能够计算轮廓外形相似但面积不同的区域差异，如

图 4-6 所示。相对于 Kendall 形状空间相似度度量方法，该方法在考虑区域内蕴属性的同时考虑了区域尺寸的差异，理论上计算速度更快。没有在精确匹配框架中使用该方法是因为在构建伴随图的节点时已经使用了面积的约束，且在拓扑信息提取的过程中相对大小信息也已嵌入拓扑相似度度量方法中，因此该方法更符合本章实时算法的效率目标需求。尺度形状空间理论背景已在第二章中有所描述，下面对其实现过程进行详细阐述。

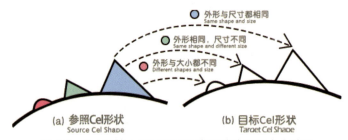

图 4-6　Cel 形状之间区域可能出现的外形和大小差异

首先，给定两个区域 R_a 和 R_b 的轮廓点 $C = [x_1, y_1, x_2, y_2, \cdots, x_m, y_m]^T$，$C' = [x'_1, y'_1, x'_2, y'_2, \cdots, x'_m, y'_m]^T$，同式（3-4）。首先与 Kendall 形状空间构建相似，需要去除两组轮廓点的平移影响，如式（3-5），并得到去除平移后的构型 C_T、C'_T。其次，这里忽略去除缩放影响的过程，利用式（4-5）去除旋转的影响。

$$\begin{aligned}
& C_R = \left(x_1^R, y_1^R, x_2^R, y_2^R, \cdots, x_m^R, y_m^R\right) \quad x_m^R = x_m^T \quad y_m^R = y_m^T \\
& C'_R = \left(x_1'^R, y_1'^R, x_2'^R, y_2'^R, \cdots, x_m'^R, y_m'^R\right) \\
& \text{这里，} \begin{bmatrix} x_k'^R \\ y_k'^R \end{bmatrix} = \begin{bmatrix} \cos\theta & \sin\theta \\ -\sin\theta & \cos\theta \end{bmatrix} \begin{bmatrix} x_k^T \\ y_k^T \end{bmatrix} \\
& x_k^T, y_k^T \in C_T \quad x_k'^T, y_k'^T \in C'_T \quad k = 1, 2, \cdots, m \\
& \theta = \arctan\left[\frac{\sum_{k=1}^m \left(x_k^T y_k'^T - x_k'^T y_k^T\right)}{\sum_{k=1}^m \left(x_k^T x_k'^T + y_k^T y_k'^T\right)}\right]
\end{aligned} \quad (4\text{-}5)$$

至此，尺度形状空间构建完成。由于没有尺度归一化的过程，这里无法构建像形状空间一样的超球表面，也就无法像式（3-8）那样将形状相似度看作超球上两点的夹角。但是根据尺度形状空间理论与式（2-46）可知，尺度形状空间中的黎曼距离可以通过计算构型最小化旋转距离的欧氏距离而得，因此在尺度形状空间中区域相似度可以通过式（4-6）获得。

$$d_{ss}(R_a, R_b) = \sqrt{\inf_{\Gamma \in SO_2} \|C_T - C_T' \Gamma\|^2} \\ = \sqrt{\sum_{k=1}^{m} \left(x_k^R - x_k'^R\right)^2 + \left(y_k^R - y_k'^R\right)^2} \quad (4\text{-}6)$$

其中 Γ 为旋转矩阵。

对于闭合的轮廓点集合，尺度形状空间同样需要明确的 C 和 C' 对应关系，因此本章方法可以参照第三章中提到的寻找轮廓初始点方法，利用迭代的方式更换起始点 P，然后寻找 C 和 C' 的目标函数最小值。与之不同的是，目标函数（3-9）中的距离需要替换为尺度形状空间的相似距离，如式（4-7）。

$$P' = \arg\min_{P' \in C'} f = \arg\min_{P' \in C'} \| d_{ss}(R_a, R_b) \| \quad (4\text{-}7)$$

计算尺度形状空间中区域几何相似度的整个过程通过伪代码展示如算法 3。该算法需要迭代起始点计算两区域间最小旋转夹角和在流形上的距离，因此算法时间复杂度为 $O(n)$，这里的 n 代表轮廓采样点个数。

算法 3 基于尺度形状空间的 Cel 形状区域几何相似度计算

输入：参考区域几何表达 C 与目标区域几何表达 C'

输出：几何相似距离 d_{ss}

1：平移 C 和 C'，使之变为 C_T 和 C_T'

2：计算 C 和 C' 的尺度 S_a, S_b

3：repeat

4：更新 C_S' 的起始点 P'

5：计算 C_T 和 C_T' 的最小旋转夹角 θ

6：根据 S_a, S_b 以及 θ 计算相似度 d_{ss}

7：until 找到最小的相似度 $d_{ss}(\min)$，即最终的相似度 d_{ss}

10：return d_{ss}

四、局部邻接区域匹配方法

局部邻接区域匹配算法主要用以构建两个局部邻接图之间的邻接区域映射关系，如图 4-7 所示。该算法同样将寻找映射关系看作寻找二分图完美匹配问题，并使用 Kuhn-Munkres 算法求解，具体细节如下。

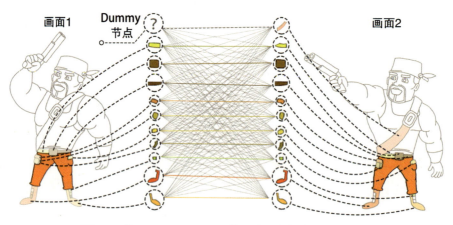

图 4-7　基于 Kuhn-Munkres 算法的局部邻接图匹配方法

首先将两个局部邻接图之间的邻接区域构建成一个带权重的无向二分图 $G_b = \{V_b, U_b; E_b; W_b\}$。给两个局部邻接图 $G_{\text{LRAG}} = \{V_R', E', A_V', A_E'\}$，$G_{\text{LRAG}}' = \{V_R'', E'', A_V'', A_E''\}$，$V_{\text{main}}$ 是该局部邻接图的主区域。主区域之间的一阶邻接区域表示为 V_{nb} 和 V_{nb}'，其中 V_{nb} 的个数 m 与 V_{nb}' 的数量 n 可以不同。

在构建 G_b 的过程中，方法将所有邻接区域 V_{nb} 和 V_{nb}' 组建为该二分图的节点集合 V_b。V_{nb} 中的每个区域都会与 V_{nb}' 中的所有区域构建一条边，这些边构成二分图的边集合 E_b。值得注意的是，当 m 与 n 不相同时，需要引入相应数量的 Dummy 节点，使得 $m=n$。Dummy 节点同样会与邻接区域构建边。换句话说，Dummy 节点和其他正常节点在结构上一样，只是无法代指某个区域。

在局部邻接区域匹配方法中，最重要的是怎样对边 $E_{(V_{\text{nb}}^k, V_{\text{nb}}^{k'})}$ 赋予一个权重 $W_{(V_{\text{nb}}^k, V_{\text{nb}}^{k'})}$，$V_{\text{nb}}^k \in V_{\text{nb}}$，$V_{\text{nb}}^{k'} \in V_{\text{nb}}'$。该过程借鉴了第三章中融合、分割操作与拓

扑相似度度量方法,同样将局部邻接图的拓扑关系通过几何相似度度量方法进行量化。将节点 V_{nb}^k 与 $V_{nb}^{k'}$ 的几何相似度与 V_{nb}^k、V_{main} 以及 $V_{nb}^{k'}$ 与 $V_{main'}$ 的拓扑相似度嵌入 $W_{(V_{nb}^k, V_{nb}^{k'})}$ 中。因此,$W_{(V_{nb}^k, V_{nb}^{k'})}$ 可以表示为式(4-8)。

$$W_{(V_{nb}^k, V_{nb}^{k'})} = d_{ss}(V_{nb}^k, V_{nb}^{k'}) + \lambda d_{ss}(U_{merg}^k, U_{merg}^{k'}), W_{(V_{nb}^k, V_{nb}^{k'})} \geq 0 \quad (4-8)$$

其中,λ 为调节权重。U_{merg}、U'_{merg} 代表主区域 V_{main},$V_{main'}$ 分别与 V_{nb}^k 和 $V_{nb}^{k'}$ 进行融合操作得到新轮廓。关于融合操作的具体细节可以参考第三章的内容。当 V_{nb}^k 和 $V_{nb}^{k'}$ 中存在 Dummy 节点时,$W_{(V_{nb}^k, V_{nb}^{k'})}$ 的值为无限大。

该二分图构建完成后,方法采用经典的 Kuhn-Munkres 算法进行处理,最终得到两个局部邻接区域之间的一对一匹配。与 Dummy 节点进行匹配的区域视为无法找到相应的区域匹配,整个局部邻接区域匹配的过程参考图 4-8。

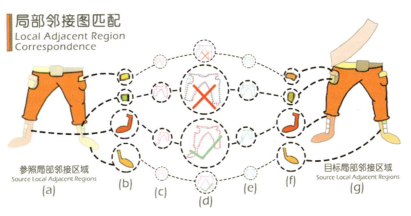

图 4-8 Cel 形状局部邻接图匹配方法

图 4-8 中,(a)、(g) 分别代表了参照 Cel 形状的一个局部和目标 Cel 形状的一个局部,其中橙色的裤子为局部邻接图中的主区域 V_{main}。(b)、(f) 中的区域代表 V_{main} 周围的一阶邻域,也就是 V_{nb}。(b)、(f) 代表 V_{nb} 轮廓点采样后的几何表达。(d) 表示 V_{main} 与 V_{nb} 融合后的区域在经过尺度形状空间相似度计算与 Kuhn-Munkres 算法后的匹配结果。

五、全局优化区域匹配方法

虽然局部邻接图匹配方法可以决定局部区域中区域之间的匹配代价，但它仅考虑了局部的几何相似度和拓扑相似度。为了能更好地利用 Cel 形状的全局拓扑信息，以及减少计算的复杂度，下面介绍一个基于启发式邻接图遍历的全局优化区域匹配方法，该方法能够将局部和全局的区域几何与拓扑差异一并嵌入代价向量中，从而构建式（4-1）中的代价向量 C_{ij}，具体细节如下。

给两个 Cel 形状构成的连接图 G_{RAG} 和 G'_{RAG}，其中 N_a 和 N_b 分别是它们各自区域的个数。首先需要构建一个二分图 $\bar{G}_b = (\bar{V}_b, \bar{U}_b; \bar{E}_b; \bar{W}_b)$，其中 $\bar{V}_b$ 与 $\bar{U}_b$ 分别由 G_{RAG} 和 G'_{RAG} 中的节点构成。关于构建 $(\bar{E}_b, \bar{W}_b)$ 通常最容易想到的办法是将 G_{RAG} 和 G'_{RAG} 中的每一个区域都视作主区域，进行 $N_a \times N_b$ 次局部邻接区域匹配计算，从而建立边和权重。如果使用该方法，该二分图的边数量将会相当庞大，而且每个区域都会产生多个候选匹配，使得方法必须从大量的候选匹配中挑选出最终结果。显然上述方法的缺点是计算冗余以及误差较大，费时费力。

想提高运算效率就需要考虑全局拓扑信息，而且区域匹配的顺序是影响算法结果的一个关键点。因此，本章在全局优化区域匹配算法中综合考虑局部拓扑信息和全局拓扑信息。首先利用邻接图的全局搜索遍历路径来捕捉记录全局的拓扑信息。然后通过一种启发式的种子节点迭代更新方法来确定匹配的顺序，从而构建二分图的边和权重。最终通过 Kuhn-Munkres 算法计算该二分图，获取全局最优的区域匹配结果。具体过程分为两个阶段，包括邻接图的启发式遍历与候选区域的匹配。

1. 邻接图启发式遍历

方法首先初始化邻接图中的参照种子节点 R_s 和目标种子区域 R'_s，这两个种子节点分别代表来自参照 Cel 形状和目标 Cel 形状中的一个区域。选择种子节点意味着选择了遍历邻接图的起始节点。在该方法中，种子节点的选取会直接影响算法的精确度和有效性。在本章中，方法提供了自动寻找种子节点的功能以及推荐系统，同样也允许用户自己初始化种子节点。

在种子区域确定后，方法开始从两个种子区域的位置同时遍历两个邻接图，在遍历的过程中不断执行局部邻接匹配算法。首先以 R_s、R_s' 为主区域，分别构建局部邻接图，然后对该局部邻接图进行局部邻接图匹配。这时，局部邻接图中任意一对邻接区域都会拥有一个代价，该代价为计算的局部几何与局部拓扑相似度 $W(R_s, R_s')$。紧接着选出代价最小的一对区域并将其代替种子节点 R_s, R_s' 重复迭代上述操作，直到 G_{RAG} 或 G'_{RAG} 中有一方所有节点都被访问到。该方法可以分别采用两种遍历方法，深度优先搜索和广度优先搜索方法，过程如图 4-9 所示。

（a）为广度优先匹配算法示意图　　（b）为深度优先匹配算法示意图

图 4-9　Cel 形状全局最优匹配方法

无论是哪种搜索方式，复杂度都是 O_n，这里的 n 为参考区域的个数。相对于没有启发式的二分图构建方法，其复杂度由 O_{n^2} 降为 O_n，时间消耗减少。如何选择这两种搜索方法，取决于 Cel 形状的拓扑结构。如果 Cel 形状类似于链条状，则选择使用深度优先搜索。如果 Cel 形状重叠区域形成簇状，则更适合使用广度优先搜索。此外，为了提高计算效率，方法允许用户添加一个阈值 ω_1，如果在遍历的过程中，种子区域之间的几何差异

超过 ω_1，则终止整个遍历过程。该阈值初始设置为参照 Cel 形状区域与目标 Cel 形状区域之间的相似距离平均值，用户可以在该值的基础上进行调整。关于内外包含拓扑关系的区域，本章进行层级式的处理方式[17]，即在该次启发式遍历过程中忽略被包含的拓扑区域。当遍历完成后，方法对已匹配的区域中存有内在包含的区域再次进行全局优化匹配方法，这样做的目的是区分拓扑关系，且能够提高算法的效率。方法可以重复多次遍历，每次遍历后的权值可以被继承下来。

2. 候选区域的匹配

在遍历完成后，每个区域将会找到一个或多个匹配候选区域以及所带有的权重值。每次局部邻接图匹配过程中，有些邻接区域事实上已经在之前的局部匹配过程中构建过边结构并赋予了权重。这意味着除非因为遍历过程中途终止，负责在遍历过程中一个区域参与过至少一次局部邻接图匹配，每次参与局部邻接图匹配都会在二分图 $\bar{G}_b$ 中产生新的边或者新的权重。因此，接下来的步骤是筛选候选区域，确定最终的二分图边结构和权值。该方法直接对每个区域中保存的权重值进行排序，选取最小的值 $W(R_i,R_j)$ 作为 $\bar{G}_b$ 中的权重值。同样，方法允许设置一个阈值 ω_2 来过滤差异较大的权重，该阈值初始设置为所有权重值的平均值，用户可以在该值基础上进行调整。提出 ω_2 可以找到那些本来就没有匹配的区域并孤立这些区域以防止这些区域找到错误的匹配。在筛选的过程中，匹配代价 C_{ij} 被设置为最终筛选出的 $W(R_i,R_j)$，整个遍历结束后 C 也就最终确定。最后，根据上述信息采用 Kuhn-Munkres 算法来对所有的区域进行全局最优匹配。上述过程具体细节参考算法 4。

六、交互匹配方法与种子区域推荐算法

Cel 动画带有非物理规律的特点，且受动画师主观的创作意愿的影响，凭借几何和拓扑信息的帮助也无法适用于所有匹配情况，因此匹配方法需

要允许用户对匹配结果进行交互干预。下面介绍的交互匹配方法，能够在实时自动匹配算法的帮助下，允许用户高效地进行交互干预。交互匹配中的用户介入体现在用户选取种子节点以及匹配结果的编辑上，用户可以自主选择种子区域对，并多次执行实时匹配算法。种子节点选取得越多，越能约束启发式遍历的搜索路径，从而提高匹配的精度。每一次遍历的结果都会被下一次遍历所继承，这就意味着，只要种子节点选取得当，无须冗余的算法迭代就可以高效地得到准确的匹配。根据上述特性，本书提出了种子区域的选取方法以及交互界面与交互过程。

算法 4 全局优化区域匹配算法

输入：参照 Cel 形状邻接图 G_{RAG} 与目标 Cel 形状邻接图 G'_{RAG}

输出：一对一区域匹配映射 $\boldsymbol{X}$

1：初始化权重矩阵 $\boldsymbol{C}$
2：获取种子区域 R_S，R'_S
3：while G_{LRAG} 或 G'_{LRAG} 所有节点都被遍历 or $W(R_S, R'_S) > \omega_1$ do
4：以 R_S，R'_S 为主区域构建局部邻接图
5：对 G_{LRAG} 与 G'_{LRAG} 执行局部邻接图匹配算法
6：for a = 0 → k do
7：获取邻接区域 S_a 与对应匹配区域 S_b 的相似度 $W(R_i, R_j)$
8：if $W(R_i, R_j) < \omega_2$ then 计算 $\boldsymbol{C}_T$ 和 $\boldsymbol{C}'_T$ 的最小旋转夹角 θ
9：将代价向量 $\boldsymbol{C}$ 中的 $\boldsymbol{C}_{ij}$ 的值设置为 $W(R_i, R_j)$
10：end if
11：end for
12：对该次局部邻接图中相似度的值进行排序
13：找到最相似的一组区域并将 R_S、R'_S 替换为该组区域
14：end while
15：根据矩阵 $\boldsymbol{C}$ 构建 G_{RAG} 与 G'_{RAG} 的二分图
16：对使用该二分图使用 Kuhn-Munkres 算法，获取 $\boldsymbol{X}$
10：return $\boldsymbol{X}$

---

1. 种子区域选取方法

对于种子区域 R_s、R'_s 的选取，算法需要尽量满足以下情况。首先，该

组种子区域应该有高度的几何相似性，通常情况下它们都是匹配区域。其次，在实际动画中，Cel 形状里面积较大的区域在动画过程中能够更好地保持拓扑的连续性。因此，尽量选择面积较大的区域作为初始种子节点。此外，挑选的初始种子区域其周围的邻接区域相似，也就是说，尽量使得种子区域的邻接区域数量多且数量一致，并且保持相同的拓扑关系。邻接区域越多，那么初始路径选择越多，遍历正确路径的概率越大。因此根据以上规则，可以将 R_s、R_s' 的选取方法形式化为寻找代价 C_{seed} 最小的一组区域，给两组构成 Cel 形状的区域集合 $\{P|(p_1,p_2,\cdots,p_n)\}$ 和 $\{Q|(q_1,q_2,\cdots,q_m)\}$。$C_{seed}$ 的计算如式（4-9）。

$$C_{seed}(p_i,q_j) = D_{geom^{ij}} \cdot D_{area^{ij}} \cdot D_{num^{ij}} \quad (4\text{-}9)$$

其中 $D_{geom^{ij}} = d_{ss}(p_i,q_j)$ 为尺度形状空间下的几何相似度。

$D_{area^{ij}} = \dfrac{a_{p_i}}{a_P} + \dfrac{a_{q_j'}}{a_Q}$ 为 p_i、q_j' 的面积所占 Cel 形状总面积 a_P、a_Q 的比例之和。$D_{num^{ij}} = N_i + N_j$ 则为 p_i、q_j' 一阶邻接区域数量 N_i、N_j 的和。

2. 交互方法与平台

自动选取的种子区域方法仍有局限性，因为该方法更多的是考虑种子区域的几何相似性，无法有效识别其拓扑相似性。另外，在现实动画产业中，由于动画师夸张的表现力导致 Cel 形状区域匹配具有主观性。目前在保证较低时间消耗的情况下，自动方法很难将所有情况考虑周到，因此为了提高实时匹配方法的准确率，我们提供了用户介入的种子区域交互选取方法，该方法能够在较少的交互次数下得到正确的区域匹配结果。

针对交互选取方法设计交互系统与界面，如图 4-10 所示。该系统除了 Cel 形状绘制、笔画颜色设置、输入输出、动画时间线管理等基本的绘制功能外，主要融入了区域匹配相关功能，其主要模块与交互方式如下。

第四章　Cel 形状的区域实时交互匹配方法

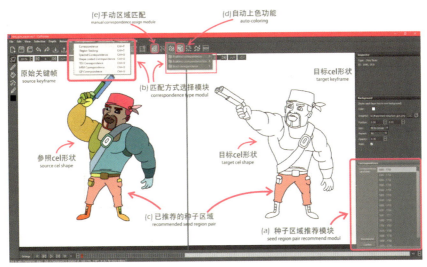

图 4-10　种子区域交互选取方法与交互界面

　　• 种子区域匹配推荐模块：该模块可以快速计算与提取高质量种子区域匹配对，并且将结果排序并显示在模块中。当用户选择两个关键帧并点击模块中的 recommend 按钮时，方法参考式（4-9）将提取出多个种子区域候选对。用户可以点击每一条候选，观察是否符合要求，如果符合则点击 confirm 按钮，方法进入全局优化匹配算法。每当用户选取一组候选时，相应的区域会通过改变颜色来提示用户，如图 4-10（a）和（c）所示。该模块允许用户选择多个种子区域候选对。

　　• 区域匹配模块：用户点击该区域匹配按钮时，方法会进入相应的匹配算法中。该模块允许用户选择匹配算法类型，如精确匹配或实时匹配算法，如图 4-10（b）所示。

　　• 手动区域匹配模块：该模块允许用户选择两个来自不同关键帧的区域。点击手动匹配按钮后，该组区域确定为匹配区域，且相似度设置为 0，即完全相似，如图 4-10（e）所示。

　　• 自动上色模块：在全局最优匹配方法完成后点击该按钮，其目标 Cel 形状会依据匹配结果和参照 Cel 形状的涂色信息进行自动上色。方法可根据上色结果观察匹配准确率，如图 4-10（d）所示。

099

对于交互方法，用户首先选择多个种子节点进行实时匹配并获取匹配结果。在选取过程中，种子区域数量越多，方法的精确度越高，因为多个种子区域可以约束启发式路径搜索范围，降低错误路径出现的概率。为了避免搜索路径中途中断的情况，应将能够分割 Cel 形状的区域作为种子区域，比如图 4-10 中的腰带。选择多个种子区域作为候选区域时，区域空间位置应尽量分散。具体细节可以参考图 4-11。然后，用户根据匹配结果可以通过手动区域匹配的方式修正少量错误匹配，再次进行实时匹配算法。在修正过程中，用户不需要修正所有错误，应优先修正几何和拓扑相似度差异都很大的错误，比如图 4-10 中角色的右胳膊，这样可以提供更多的匹配线索。通常重复几次上述过程便可得到满意的结果。

图 4-11　用红色高光标记建议选取的种子区域

七、实验结果与讨论

为了验证方法的有效性，下面进行方法效率实验分析、交互效果实验分析以及现有方法对比分析。实验同样使用第三章提供的 10 个案例进行测试。这些由产业一线动画师所提供的案例能够真实反映区域实时交互匹配方法的有效性。实验指标包括准确率（正确匹配的区域占所有区域的比例)、时间消耗和交互次数。实验过程中,式(4-8)中 λ 值设为 0.8 至 1。算法同样部署在带有 2.4GHz Intel Xeon CPU 和 16GB 内存,以及 NVIDIA Quadro M4000 图形卡的工作站中。下面详细介绍各个方面实验的细节。

1. 方法效率实验分析

方法效率实验测试 3 种不同条件下方法的匹配精确度和时间消耗,它们分别是只使用尺度形状空间相似度的匹配、只使用局部邻接图匹配方法以及使用完整的实时匹配算法。这些方法的共同点是自动选择种子区域且最终使用 Kuhn-Munkres 进行区域匹配,它们的区别在于所构建二分图的边权重值不一样。该测试可以检验实时匹配方法每个部分对整个算法框架的贡献。在使用完整实时匹配算法时,方法自动选择 3 个起始种子节点并进行 3 次遍历,结果如图 4-12、图 4-13 所示。

从图 4-12、图 4-13 可以看出,只使用相似度度量的方法平均准确率只有 28%,平均时间消耗为 0.72s,在这 3 种情况中准确率最低。这说明没有拓扑信息的帮助,只依靠尺度形状空间的相似度度量无法获得有效的区域匹配。在引入邻接图匹配算法的情况下,平均准确率提升至 43.67%,时间消耗平均为 163.13s,相对于只使用相似度度量来说,准确率有所提升,但是匹配结果仍然无法接受。这种情况说明只使用局部拓扑信息确实能提升精确度,但是提升有限且会造成大量的时间消耗。实验结果显示,在使用完整区域实时匹配框架下,实验平均准确率高达 86.17%,是只使用邻接拓扑信息的两倍,时间消耗也低至 3.316s。

在所有的实验案例中,有 4 个案例准确率达到 100%。分析那些没有达到 100% 准确率的案例可以看出,方法很难处理邻接关系不连贯的情况,比如 Angry man 案例中,帽子部分与主体区域组分离,导致在启发式遍历的过程中无法触及这些区域。此外,多个种子节点的选取也没有涉及这些区域,最终导致该案例准确率有所下降。与之类似的情况还有 Singer 案例中的话筒区域和 Jumping girl 案例中的围裙区域,虽然这些区域位于遍历的必经之路上且这些区域没有在邻接关系上被分离,但是它们与相关匹配

图 4-12 案例（a）—（e）区域实时匹配方法自身效率实验结果

区域的形状差异太大，方法认为这些区域没有相应的匹配，从而遍历在该处停止。虽然多个种子区域的选取能够在一定程度上解决该问题，但是准确率也会有所下降，如 Jumping girl 案例。此外，Walk forward 案例的准确率也没有超过 70%，这仍然是因为角色下半身有大量形状与拓扑都不相似

图 4-13 案例（f）—（j）区域实时匹配方法自身效率实验结果

的区域匹配出现，这导致方法出现了歧义从而遍历中断。

2. 交互效率实验分析

为了验证交互方法的效率以及实用性，下面进行客观的用户调查，该调查同样使用方法效率实验分析中的案例。整个调查过程描述为，首先要求用户通过交互方法在实时匹配算法执行后的匹配结果基础上进行错误匹配修正，并以修正区域作为种子区域再次执行匹配算法，然后重复上述修复过程直至所有案例的匹配达到完全正确。在选择种子区域的过程中，用户可以在推荐系统的帮助下结合选取建议进行选择。该用户研究的考察指标为10个案例的平均交互次数与平均交互时间以及参考种子节点的推荐次数。其中交互次数和交互时间又包括了选取种子节点的次数和时间以及错误修复次数与时间，交互次数描述为鼠标点击次数。一般选取一次种子节点需要执行3次交互，执行一次算法需要一次交互，进行一次参考推荐需要一次交互。错误修复时间为算法执行总时间，包括用户交互的总时间和算法执行的总时间。

本节实验邀请了20名用户，这些用户中有5名为工作在动画产业一线的专业动画师。用户调查之前，工作人员会为用户讲解操作方法和建议，最终用户研究的结果如表4-1所示。

表4-1 带有人工交互的实时匹配方法实验数据结果

案例	信息					总计交互次数	总计交互时间
	种子节点选取交互次数	错误修复交互次数	种子节点选取交互时间	错误修复交互时间	种子区域参考次数		
Soldier	0	0	0s	0s	0	0	6.903s
Dwarf	0	0	0s	0s	0	0	0.936s
Head	0	0	0s	0s	0	0	1.749s
Dragon	0	0	0s	0s	0	0	2.523s
Angry man	3.4	0.3	7.72s	0.59s	0	3.7	8.31s
Singer	3.2	0.15	5.91s	0.58s	0	3.35	6.49s
Hat	6.375	1	16.33s	0.413s	0	22.705	22.70s
Jumping girl	20.44	3.94	62.19s	8.44s	5.53	29.91	83.40s
Dog	16.31	4.19	42.69s	5.06s	6.73	5.15	51.01s
Walk forward	25.69	4.69	75.77s	12.28s	8.733	39.113	134.74s
平均	7.5415	1.427	21.061s	2.7363s	2.0993	10.3928	31.8761s

从表4-1中可以看出，交互方法的介入能够有效提高实时匹配方法的效率。相对于没有交互介入的结果，准确率提升了13.38%，且平均耗时只

增加了 28.56s。案例 Soldier、Dwarf、Head、Dragon 在没有用户介入的情况下就能够达到 100% 准确率，这是因为这些案例在动画过程中几何和拓扑一致性相对较高，而且种子节点的自动选取也较为准确。在 Angry man、Singer 以及 Hat 案例中，用户可以很容易地发现遍历中断位置，因此其错误修复次数和时间消耗都较低。在 Dog 案例中，用户能够借助匹配推荐较为容易地完成错误修复任务，这也说明推荐系统能够帮助用户提高任务完成效率。对于 Jumping girl 和 Walk forward 案例，由于区域数量多且拓扑杂乱，即使是在匹配推荐的帮助下，用户也需要时间反映和尝试，这导致交互次数和时间消耗较多，而且较多的区域会导致用户交互失误以及错误判断，这也说明带有交互方法的实时匹配算法依然会随着匹配区域数量的增加而效率降低。此外，在对用户调查采访时发现，所有用户都表示能够接受任务中增加一定的交互次数和时间消耗，且所有用户都愿意付出交互的代价来增加匹配准确率。

3. 方法对比实验分析

为了更有效地说明本章方法的特点与效果，本节选取成熟且具有代表性的方法进行比较，其中包括 SCM[37]、CARM[126]、HRM[18]、QPM[17]，以及 Cel 形状精确匹配（Exact Shape Matching，ESM）方法，这些算法同样应用在上述实验所使用的 10 个案例中。该实验从方法的匹配准确率、匹配时间消耗以及错误修复的效率上进行对比。首先根据各个方法自动匹配的结果进行对比，在本章方法中同样自动选择 3 个起始种子节点进行 3 次遍历。式（3-10）中 λ 值同样设为 0.25—0.35。最终结果如图 4-14、图 4-15 所示。

从表 4-2 可以发现，SCM 方法仍然是平均准确率最低的方法，但是平均消耗时间最少。CARM 方法与 HRM 方法的平均准确率都没有超过 50%。QPM 方法的平均准确率刚刚超过 50%，且平均时间消耗在 3 分钟左右。相对于实时匹配方法，只有 ESM 方法在平均准确率方面高出 8.69%。但是在时间消耗上，ESM 方法是实时匹配方法的近 32.3 倍。实时匹配方

图 4-14　案例（a）—（e）实时匹配方法对比方法实验结果

法与 SCM 方法的时间消耗都是在 3 秒左右，但是准确率高出 67.77%。也就是说，实时匹配算法能在实时计算的前提下达到一个可以接受的准确率标准。

此外，本节对错误修复的效率进行了实验分析。该实验邀请用户在各个方法自动匹配的结果上进行交互的错误修改。对比的方法错误修改过程是传统的交互修复过程，即用户分别选择两个关键帧中需要修正的匹配区域对，然后点击修正按钮。重复该过程直至所有区域找到正确的相关匹

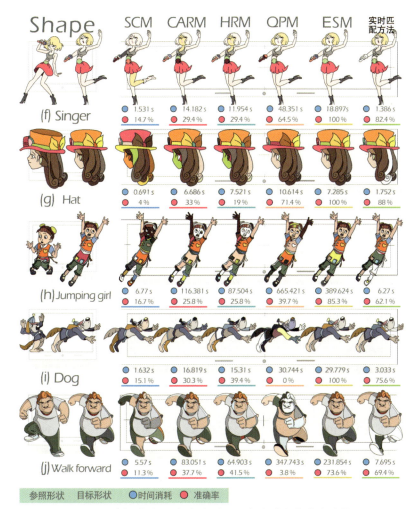

图 4-15 案例 (f) — (j) 实时匹配方法对比方法实验结果

表 4-2 不同对比方法下的平均匹配准确率和平均时间消耗

结果	方法					
	SCM	CARM	HRM	QPM	ESM	实时匹配方法
平均准确率	18.4%	40.09%	42.52%	51.74%	94.86%	86.17%
平均时间消耗	3.07s	42.144s	30.91s	178.29s	107.07s	3.316s

配。而对于实时匹配方法则使用所提出的交互方法进行错误修复。本节对其交互次数和时间消耗进行对比，消耗时间为方法所用时间与错误修复时间的总和。该实验同样邀请了交互方法实验中的 20 名用户完成本次实验

任务。实验整理了所有用户对每个案例的平均交互次数和平均时间消耗。结果如表 4-3 所示。

表 4-3 不同对比方法下错误修复所产生的交互次数和时间消耗

案例	方法										
	SCM		CARM		HRM		QPM		ESM		实时匹配方法
	1	T	1	T	1	T	1	T	1	T	1	T
Soldier	129	432.4	105	459.0	83	335.4	84	773.5	7	296.7	0	6.9
Dwarf	69	236.5	41	129.5	45	139.4	7	77.6	0	26.1	0	6.9
Head	81	244.1	42	149.6	18	68.2	39	120.6	6	38.3	0	1.7
Dragon	117	295.0	89	283.4	90	321.0	64	274.7	0	39.0	0	2.5
Angry man	99	329.0	56	189.7	76	236.4	26	146.2	0	31.0	3.7	8.3
Singer	90	298.5	82	235.6	81	214.5	42	166.0	0	18.9	3.35	6.5
Hat	83	208.2	55	188.2	60	211.5	24	85.0	0	7.3	22.7	22.7
Jumping girl	200	686.8	173	652.7	161	634.9	133	1130.9	34	495.0	29.9	83.4
Dog	84	262.0	77	278.6	66	239.7	100	300.7	0	29.8	5.1	51.0
Walk forward	202	510.6	144	543.9	131	444.8	212	962.5	59	420.7	39.1	134.7
平均	115.4	350.3	86.4	311.0	81.1	284.6	73.1	403.8	10.6	140.3	10.4	31.5

注：表中 1 表示所有用户平均交互次数，单位为次，T 表示所有用户平均时间消耗，单位为秒。

从表 4-3 可以发现，SCM 方法由于准确率低，导致用户需要大量的时间进行修改，因此整体效率不佳。CARM 方法和 HRM 方法效率接近。QPM 方法虽然交互数量略少，但是方法本身时间消耗最多，因而整体时间消耗上也是最大的。相对于前 4 种方法，ESM 明显具有较少的交互次数和时间消耗。这是因为 ESM 方法能够减少错误的匹配数量，很多案例可以达到完全正确的匹配，所以导致交互的次数大大减少，但是在计算时间上大大高于实时匹配方法。而且越复杂的案例，对于 ESM 方法消耗时间越多，出现错误匹配的可能性越大，这就导致整体时间效率有待提高。

在这些对比方法中，实时匹配方法在交互次数和时间消耗上都是最少的，即错误修复效率最高。这是因为实时匹配方法的框架可以通过少量的交互进行多次算法迭代，从而快速进行修复，且每次迭代速度较快，因此用户的每次交互选择都可以有效地被利用。

从上述分析可以看出，对于区域数量相对简单且拓扑信息明确的案例，更适合使用 ESM 方法，因为可以减少用户的介入次数。而对于区域数量庞大，且具有大量几何与拓扑歧义匹配的案例，更适合使用实时匹配方法。因为这些案例中通常需要动画师主观判断一些特殊的匹配情况，而实时匹配方法可以有效辅助动画师进行操作。

第五章 Cel 形状的多维度自动匹配方法

第三章和第四章介绍的方法重点关注了区域维度元素的匹配，而在 Cel 动画中，除了需要根据区域匹配结果对区域进行相应的处理，还需要利用笔画匹配结果进行笔画处理，比如笔画的中间帧生成、笔画自动上色等。由于动画中的运动遮挡等问题，Cel 形状中的元素通常会发生退化或衍生的情况，这时元素无法在相同维度中找到相应的匹配，所以 Cel 形状匹配问题不仅需要考虑相同维度元素的匹配，还应考虑不同维度元素的匹配。

为了解决 Cel 形状多维度元素匹配问题，本章提出基于多维度图的 Cel 形状自动匹配方法。该方法将 Cel 形状对应问题表述为多目标二次分配问题，并使用从上到下的多维图匹配算法解决此问题。方法通过提取相同类型元素的邻接关系以及不同类型元素之间的层级维度关系来记录 Cel 形状拓扑信息，并引入连续形状空间理论帮助用户分析笔画的几何相似度差异。方法优点在于能够同时构建相同维度和不同维度之间的元素匹配关系，且对带有较大区域几何变形和拓扑不一致的 Cel 形状匹配鲁棒。本章同样以问题描述、方法框架、形状表达和匹配方法的逻辑结构进行阐述，并通过实验对方法的效率进行验证。

一、Cel 形状多维度匹配问题描述与方法框架

一个 Cel 形状可以看作由多种不同维度的元素构成，维度较高的元素由维度较低的元素构建而成，比如区域是由多个笔画闭合形成的，而相同

维度元素具有相邻关系，比如区域邻接关系和笔画连接关系。上述关系共同描述了 Cel 形状的拓扑信息。

按照以上描述，Cel 形状匹配包含了相同维度之间的匹配，同时也包含了不同维度元素之间的匹配。不同维度元素之间，性质不同对应着不同的相似度度量方法。如果将这些元素都看作节点，则它们之间的拓扑关系可以看作边结构，那么这些元素组成的 Cel 形状就可以看成一个图结构。由于节点的维度不同，节点之间所形成的边代表的含义也不同，这个图结构会变成能够表达不同维度特性的图结构，这里我们将其表达为多维度图。

根据多维度图的表达，Cel 形状的匹配看作两个多维度图 G_1 和 G_2 之间的匹配，该匹配既要考虑对应相同维度之间的匹配关系，又要考虑不同维度间节点的匹配关系。维度不同代表目标任务不同，比如区域与区域之间的匹配是一种目标任务，区域与笔画之间的匹配则是另一种目标任务。在构建目标任务的过程中，即要考虑相同维度内节点的属性和边的属性，也要考虑不同维度节点之间边的属性。综上所述，该多维度图的匹配问题可以看作一个多目标的二次分配问题，如图 5-1 所示。

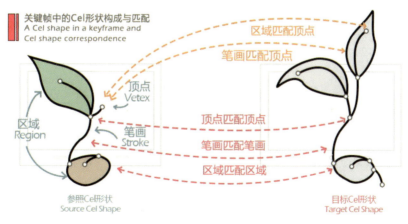

图 5-1　Cel 动画形状匹配

图 5-1 描述了两个 Cel 形状和构成它的元素，蓝色线条表示不同维度

的元素，红色线条表示相同维度元素的匹配，橙色线条表示不同维度元素的匹配。

多目标的二次分配问题是二次分配问题的扩展，最早由 Knowles 与 Corne[129、130] 提出。该问题描述与广义的二次分配问题的区别在于，它考虑了图内不同维度节点的性质以及维度间的关系，构建了多目标代价函数并最小化这些代价函数。

给出两个 Cel 形状 S_a 和 S_b。将 S_a 中所有维度的所有元素表示为 A，其中 $a \in \{0,1,2\}$，对应地将 S_b 中特定维度的所有元素表示为 B。A、B 的匹配可以看作二次分配问题，其可以表达为式（5-1）。

$$\min_{\pi \in P_{(n)}} C(\pi) = \sum_{i=1}^{n}\sum_{j=1}^{n} d_{ij} f_{\pi(i)\pi(j)} \tag{5-1}$$

其中 n 表示 A 和 B 的元素个数。d_{ij} 表示 $A_i, A_j \in A$ 之间的属性，$f_{\pi(i)\pi(j)}$ 表示 $B_i, B_j \in B$ 之间的属性，$\pi(i)$ 给出分配方案 π 中 A 的第 i 个元素对应在 B 中的位置，$P_{(n)}$ 是 $1,2,\cdots,n$ 所有置换矩阵的集合。如果将上述指定维度的二次分配描述看作一个任务，那么随着维度的改变，A 和 B 代指的元素也会改变，比如 A 和 B 可以代表相同维度的元素，也可以表示不同维度的元素。如果同时考虑相同维度和不同维度下 S_a 与 S_b 所有元素的分配，即不同目标下的分配，那么该问题可以表示为一个多目标二次分配问题，其公式化为式（5-2）。

$$\min_{\pi \in P_{(n)}} C(\pi) = \{C^1(\pi), C^2(\pi), \cdots, C^m(\pi)\}$$
$$C^r(\pi) = \sum_{i=1}^{n}\sum_{j=1}^{n} d_{ij}^r f_{\pi(i)\pi(j)}^r \quad r = 1,2,\cdots,m \tag{5-2}$$

其中 m 代表目标任务的个数，r 代表特定任务索引。$d_{ij}^r f_{\pi(i)\pi(j)}^r$ 表示第 r 个任务中关于元素 $\pi(i) = i' \in S_b$ 分配到元素 $i \in S_a$ 的同时将元素 $\pi(j) = j' \in S_b$ 设置在 $j \in S_a$ 处的代价。

从式（5-2）中可以看出，能够体现 Cel 形状元素维度关系以及相同维度之间属性的地方在于代价矩阵的设置。r 代指的目标任务不同，则代价矩阵中的值不同。在多维度图匹配问题中，根据维度不同，可以分为 9 种不同的目标任务。该多维度图匹配问题同样是一个 NP-hard 问题，无法在多项式时间内找到精确解。因此本章提出了针对 Cel 形状自上而下的多维度图匹配方法，该方法的策略是从高维度的二次匹配问题出发，将计算的结果沿着维度间的边向低维度传递，从而影响低维度目标任务的构建，最终以层级迭代的方式解决该问题。Cel 形状多维度匹配的流程框架如图 5-2 所示。

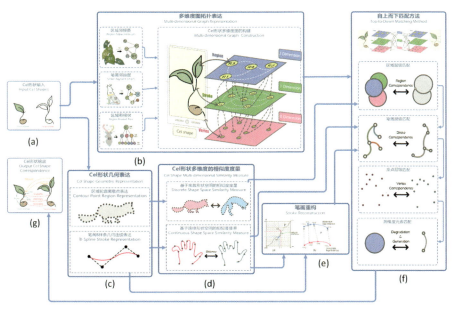

图 5-2　Cel 形状多维度匹配方法框架

该框架包含了 4 个主要部分：Cel 形状的拓扑表达与几何表达部分、Cel 形状相似度度量部分、笔画重构部分以及 Cel 形状自上而下的多维度图匹配算法。该框架使用二维矢量化图形作为输入数据，因为这种数据更精确、更容易编辑，且使用更为广泛。该方法的输出结果为 Cel 形状中所有元素的匹配信息，除了同维度元素的匹配结果，还有跨维度的元素匹配结果。以下是框架中每一个部分的功能和内容简介。

• Cel 形状几何和拓扑表达：负责 Cel 形状的几何特征和拓扑关系提

取，如图 5-2（b）、（c）所示。其中 Cel 形状的几何表达为区域元素的轮廓点表达和笔画的连续样条线表达。区域轮廓点表达能完整表达区域的外形，笔画样条线表达能精确表示笔画上的任意位置。拓扑表达为多维度图表达，它能将组成 Cel 形状的元素按照维度进行分类，并根据维度将不同维度元素的层级关系以及相同维度元素之间的邻接关系进行提取与表达。

- 几何相似度计算：负责衡量 Cel 形状中元素几何属性的差异，所得到的几何相似度值用来进行多维度的匹配，如图 5-2（d）所示。该部分利用离散的形状空间理论和连续的形状空间理论提取区域和笔画的内蕴差异。

- 笔画的重构：在不改变 Cel 形状外观的情况下，对笔画进行拆分和融合，如图 5-2（e）所示。重构过程能够动态地改变多维度图的拓扑结构，从而使匹配算法能够合理地找到笔画间一对一的匹配以及跨维度的元素匹配。

- 自上而下匹配方法：该部分利用多维度图的拓扑信息、几何相似度计算方法和笔画重构方法寻找两个多维度图之间节点的最优匹配，从而得到 Cel 形状中元素之间的最优匹配，如图 5-2（f）所示。该部分针对不同的维度，提出了不同的元素匹配算法。通过自上而下的多维度匹配流程寻找相同维度的元素匹配和跨维度的元素匹配。

本章方法首先根据输入的 Cel 形状构建各个维度中元素的拓扑关系，然后根据这些关系构建 Cel 形状的多维度图。接下来构建两个多维度图节点之间的匹配，也就是自上而下多维度匹配方法。该部分从区域维度匹配开始，依次进行区域、笔画、顶点以及跨维度节点的匹配。在匹配过程中，各个维度的匹配根据几何相似度度量部分提供的几何差异和多维度图提供的拓扑差异进行匹配。为了尽量寻找一对一的节点最优匹配，笔画重构部分借助相似度度量部分提供的重新参数化方法，在笔画维度匹配过程中对笔画进行重构，同时动态优化多维度图的拓扑结构，最终得到 Cel 形状多维度的匹配。

二、Cel 形状的多维度拓扑与几何表达

1. 多维度图结构拓扑表达

为了详细挖掘 Cel 形状的拓扑关系，本章提出了 Cel 形状多维度图表达方法。该方法既能描述 Cel 形状不同维度元素之间的层级关系，也能表达相同维度元素之间的邻接关系。

本章方法受多层网络模型[131]的启发，将一个 Cel 形状表达为类似于多层网络的形式 $G = \{G_\alpha, \alpha \in \{r, s, v\}\}$，这里我们称之为多维度图（Multi-Dimensional Graph），如图 5-3 所示。

图 5-3 中，发芽的种子为一个 Cel 形状，2D 维度（2 Dimension）图层（蓝色）表示 Cel 形状的区域及其邻接关系，1D 维度（1 Dimension）图层（绿色）表示 Cel 形状的笔画以及其邻接关系，0D 维度（0 Dimension）图层（红色）表示 Cel 形状的节点。

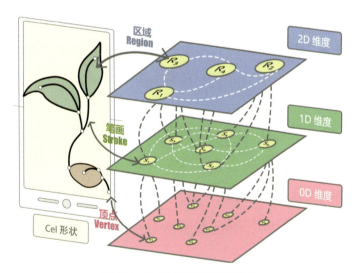

图 5-3　Cel 形状多维度图表达

多维度图由多个不同的单层图结构组成，其中 $G_\alpha = (V_\alpha, E_\alpha)$ 是带有不同属性的单层图，也可以称为单层网络，α 表示构成 Cel 形状元素的维度。该元素的维度可以被分为三类——区域 r、笔画 s 和顶点 v。在水平方

向上，相同维度的元素可以构建一个图结构，而在垂直方向上，不同维度的元素可以构建为一个有根树结构，如图 5-4 所示。

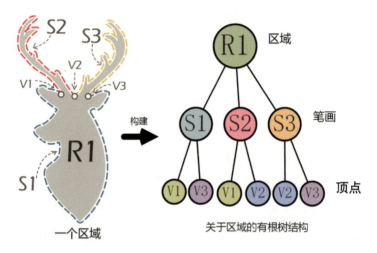

图 5-4　多维度图垂直方向的一个单元，即由一个区域所构成的有根树

至此，多维度图可视为由图结构形成的水平结构和以有根树为单元的垂直结构所融合的网络结构（图结构），该结构由 Cel 形状中的区域、笔画和顶点所构成的节点 V_r、V_s、V_v 以及节点之间的连接关系 C 构成。C 可以表达为式（5-3）。

$$C = \{E_{\alpha\beta} \subseteq V_\alpha \times V_\beta, \alpha, \beta \in r, s, v\} \tag{5-3}$$

这些边可以分为两类，层内的边和层间的边。层内的边连接相同维度内的任意两个节点，表示为 $E_\alpha = \{(V_\alpha^i, V_\alpha^j) \in V_\alpha \times V_\alpha\}$。层内的边用来表达多维度图中水平方向的拓扑关系。层间的边结构连接来自不同维度的任意两个节点 $E_{\alpha\beta} = \{(V_\alpha^i, V_\beta^j) \in V_\alpha \times V_\beta\}$。该类型的边表示多维度图中垂直方向的拓扑关系。

综上所述，本章的多维度图可以直观地理解为由 3 个单独的层结构 (G_r, G_s, G_v) 构成的一个多维度图结构，这些层结构是有序的，有高低维度划分的 $G_r > G_s > G_v$，且有水平与垂直拓扑关系之分。如图 5-5 所示，下面详细介绍每个层结构以及层间关系。

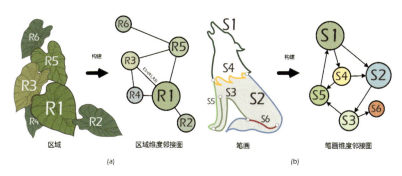

图 5-5 Cel 形状区域和笔画邻接图

- 区域层：在多维度图中该层为二维单层，处于多维度图的最上层，由 Cel 形状中的区域组成，如图 5-3 中的蓝色图层表示。与第三章和第四章的描述相同，本章将 Cel 形状中的一个区域看作由一个或多个笔画所围成的封闭区域。这些区域互相之间存在相邻关系、包含关系等不同的拓扑关系。本章同样使用区域邻接图提取表示区域之间的拓扑相关关系。在多维度图形式化表示中，区域层级表示为 $G_r = (V_r, E_r)$，其中 $V_r = \{V_r^1, V_r^2, \cdots, V_r^i\}$ 表示所有区域的集合，i 表示区域的数量，$E_r = \{(V_r^p, V_r^q) \in V_r \times V_r\}$ 表示区域之间的相关拓扑关系，如图 5-5（a）所示。借鉴之前的相关工作，本章同样将这些拓扑相关关系分类为共享点、共享边、包含关系等，如果是孤立区域则没有边与其相连。在多维度图的垂直方向，该层级的节点会和笔画层的节点连接，形成一个层间的边所构成的集合 $E_{rs} = \{E_{rs}^1, E_{rs}^2, \cdots, E_{rs}^N\}$。该集合中的元素 $E_{rs}^{ij} = (V_r^i, V_s^j)$ 表示区域和笔画所构成的边结构，即笔画 V_s 是构成区域 V_r 的一部分。区域层处在多维度图的顶层，是因为该层的每个区域元素都能延伸出一个带有垂直拓扑关系的有根树结构。该树结构是多维度图垂直方向上的一个基本单元，也就是说，区域层级蕴含了丰富的拓扑结构，是匹配方法中最需要关注的地方。

- 笔画层：该层位于区域层的下一层，由 Cel 形状中的笔画组成。在

Cel 形状中，笔画可以看作两个顶点之间的连接线，也是构成区域的重要组成部分。笔画与笔画之间同样有相关拓扑关系，如图 5-5（b）所示。形式上将 Cel 形状中所有的笔画和它们的拓扑关系构建成另一个邻接图结构并作为一个层级 $G_s = (V_s, E_s)$ 嵌入多维度图中，其中 $V_s = \{V_s^1, V_s^2, \cdots, V_s^j\}$ 表示所有笔画的集合，j 表示笔画的数量。$E_s = \{(V_s^p, V_s^q) \in V_s \times V_s\}$ 表示笔画之间的相关拓扑关系。笔画之间的拓扑关系类型只有连通与非连通之分。如果是孤立笔画则没有边与其相连。与区域邻接图的最大不同在于笔画邻接图带有方向信息。笔画的方向取决于动画师绘制线条时落笔与抬笔的顺序。笔画层除了和区域层之间存在边结构 $E_{rs}=E_{sr}$，还与顶点层存在连接关系 $E_{sv} = \{E_{sv}^1, E_{sv}^2, \cdots, E_{sv}^M\}$。一条笔画 V_s 至少由一个顶点 V_v 构成，所以 $E_{sv}^{ij} = E_{vs}^{ij} = (V_s^i, V_v^j)$ 表示多维度图中的一条边，其中顶点 V_v^j 是笔画 V_s^i 的起点或末点。需要注意的是，该层节点具有一个特点，即垂直方向上的边最多有两条。比如一条笔画只与最多两个顶点相连，即起点与终点。再比如一条笔画最多只与两个区域相连，这是区域的平面邻接图所决定的。

• 顶点层：顶点层是多维度图中最下面的一层，也是最简单的一层，由 Cel 形状中的顶点构成。这里的顶点是指每一条笔画的起点或者终点。该层只由节点 V_v 构成。每两个节点都能构成一个边，最终将层级构建为全连接图。但是整个框架没有利用该层的边信息，因此为了方便表达，本章方法省略了该层级的边结构。与该层节点相连的只有不同维度间的边 $E_{sv}=E_{vs}$。如果是孤立的顶点则没有边与其相连。

利用上述多维度图，我们将相同维度元素的相邻关系嵌入层内边结构中，将不同维度元素结构构成的关系嵌入层间的边结构中。多维度图的层级是按照元素维度高低设定的，且跨多级维度的元素间没有连接关系，比如区域和顶点维度没有连接关系。在构建多维图的构建过程中，本章方法借鉴了 trapped-ball 算法[122]判断区域之间的相邻关系从而构建区域层内的边结构。对于笔画之间的拓扑结构，本章方法引入了 gap-closing 方法[132]

以及 FTP-SC 中的拓扑构建方法[58]。此外，层间的边结构借鉴了矢量图形非流形拓扑建模思想[133-135]。

2. 多维度的几何表达

在本章中，Cel 形状的区域几何表达依然沿用第三章与第四章中的轮廓离散点表达方式，顶点的几何表达为简单的离散点表达，而对于笔画几何表达则为连续的 3 次 B 样条曲线[136]。B 样条曲线是在贝塞尔曲线的基础上，为了克服其由于整体表示带来不具局部性质的缺点以及解决在描述复杂形状时带来的连接问题而提出的。该表达方式具备递推性、规范性和局部支撑性，它由控制顶点和节点矢量组成，其曲线方程如式（5-4）所示。

$$C(u) = \sum_{i=0}^{n} N_{i,k}(u) p_i \quad （5-4）$$

其中 $p_i(i=0,1,\cdots,n)$ 为控制顶点。$N_{i,k}(u)$ 被称为 k 次规范 B 样条基函数，它是由一个被称为节点矢量的非递减参数 u 的序列 $U: u_0 \leqslant u_1 \leqslant \cdots \leqslant u_{n+k+1}$ 所决定的 k 次分段多项式，其定义如式（5-5）所示。

$$\begin{aligned} N_{i,0}(u) &= 1 \quad u_i \leqslant u \leqslant u_{i+1} \\ N_{i,0}(u) &= 0, \text{否则} \\ N_{i,k}(u) &= \frac{u - u_i}{u_{i+k} - u_i} N_{i,k-1}(u) + \frac{u_{i+k+1} - u}{u_{i+k+1} - u_{i+1}} N_{i+1,k-1}(u) \end{aligned} \quad （5-5）$$

对于闭曲线的连续表达，B 样条曲线的首末顶点连接处要求 C^{k-1} 参数连续，其定义为式（5-6）。

$$C(u) = \sum_{j=0}^{m+k-1} N_{j,k}(u) p_{j \text{MOD} m} \quad （5-6）$$

笔画采用的连续曲线表达可以通过参数化的方式找到曲线的任意位置，能够有效帮助笔画重建方法进行笔画的融合和分割。此外，本章方法中的笔画相似度度量方法同样依赖连续的曲线表达。

三、多维度相似度度量方法

Cel 形状中各个维度元素的相似度度量方法都是基于形状空间理论的

方法，其不同之处在于区域维度的相似度度量方法依然采用第三章与第四章中提到的基于离散形状空间理论的度量方法，而对于 Cel 形状汇总的笔画连续表达，本章引入基于连续形状空间的弹性度量方法。

弹性形状空间是一个无穷维黎曼流形构成的形状空间。根据动画绘制的原则，动画艺术家经常会对动画形象进行夸张的弹性变形处理，比如小球的弹跳、角色脸部的惊讶变化等。相对于离散的形状空间度量方法，本章方法引入的弹性度量方法能够考虑笔画的弹性变形影响，能够精确计算连续曲线的内蕴几何信息差异，并使得度量不受平移、旋转、缩放等相似变换的影响。此外，方法中的重新参数化结果能够支持本章中的笔画重构方法。

根据弹性形状空间理论，平面曲线的弹性度量需要对曲线进行平方根速度公式变换，然后通过去除曲线缩放的影响构建预形状空间，再通过去除旋转和参数化的影响构建形状空间，最终在形状空间中计算两曲线的距离，从而得到两曲线的相似度。具体步骤和细节如下。

给定两个弦长参数化的参照连续曲线 $\alpha: I \rightarrow \mathbb{R}^2$ 和目标曲线 $\beta: I \rightarrow \mathbb{R}^2$。$I$ 和 D 代表曲线参数的定义域。对于开曲线，$I \in [0,1]$。

1. 曲线 SRV 变换

为了能够度量曲线的自由伸展、收缩和弯曲，需要寻找一个参数变换后不变的度量。本章方法将一般的曲线表达转化为平方根速度曲线表达形式通过两个曲线映射到 SRV（Square Root Velocity，平方根速度）空间中，则曲线 α 和 β 转化为平方根速度表示空间中的两条曲线 $p(t)$ 和 $q(t)$，如式（5-7）所示。

$$p(t) \equiv F(\alpha(t)) = \frac{\dot{\alpha}(t)}{\sqrt{\|\dot{\alpha}(t)\|}}, q(t) \equiv F(\beta(t)) = \frac{\dot{\beta}(t)}{\sqrt{\|\dot{\beta}(t)\|}} \qquad (5\text{-}7)$$

其中 $\dot{\alpha}(t)$ 和 $\dot{\beta}(t)$ 代表 α 和 β 的导曲线，$t \in I, D$。该映射能够将复杂的黎曼度量简化成平直空间的 L^2 度量。

2. 去除尺度影响

构建两条曲线的预形状空间,即在 SRV 空间中去除曲线平移和缩放的影响,从而得到新的曲线 $p_s(t)$ 和 $q_s(t)$。由于在使用平方根速度公式表达曲线的过程中已经天然过滤掉了平移因素的影响,所以在构建预形状空间的过程中只需要讨论去除曲线尺度影响的过程。在该过程中对于开曲线需要满足条件 $\int_I \|p(t)\|^2 \mathrm{d}t = \int_I \|\dot{\beta}(t)\| \mathrm{d}t = 1$。可根据以下式(5-8)去除缩放影响。

$$p_s^o(t) = \frac{p(t)}{\sqrt{l_p}} = \frac{p(t)}{\sqrt{\int_I \|p(t)\|^2 \mathrm{d}t}}$$
$$q_s^o(t) = \frac{q(t)}{\sqrt{l_q}} = \frac{q(t)}{\sqrt{\int_I \|q(t)\|^2 \mathrm{d}t}} \quad (5\text{-}8)$$

其中 $p_s^o(t)$ 与 $q_s^o(t)$ 分别是去除缩放影响后得到的连续曲线的 SRV 变换曲线,l_p 和 l_q 分别是曲线 $p(t)$ 和 $q(t)$ 的长度,$\sqrt{l_p}$ 与 $\sqrt{l_q}$ 则是曲线的尺度。

3. 去除旋转影响

下面构建形状空间,即去除 SO_2 旋转群作用和参数化群的影响。在去除缩放影响的曲线上去除旋转的影响,固定参考曲线 $p_s(t)$ 不动,对目标曲线 $q_s(t)$ 进行旋转,当满足以下条件时得到旋转矩阵 $\boldsymbol{O}^*$。根据式(5-9)可以得到去除旋转影响后的曲线 $p_r(t) = p_s(t)$ 和 $q_r(t) = \boldsymbol{O}^* q_s(t)$。

$$\boldsymbol{O}^* = \arg\inf_{O \in SO_2} \int_0^1 \|p_s(t) - \boldsymbol{O} q_s(t)\|^2 \mathrm{d}t = \begin{bmatrix} \cos\theta & \sin\theta \\ -\sin\theta & \cos\theta \end{bmatrix}$$
$$\theta = \arctan \frac{\int_0^1 q_s^1(t) p_s^2(t) - q_s^2(t) p_s^1(t) \mathrm{d}t}{\int_0^1 p_s^1(t) q_s^1(t) + p_s^2(t) q_s^2(t) \mathrm{d}t} \quad (5\text{-}9)$$

其中 θ 是去除旋转的角度,$(p_s^1(t), p_s^2(t))$ 和 $(q_s^1(t), q_s^2(t))$ 分别是 $p_s(t)$ 和 $q_s(t)$ 的分量表示。

4. 去除参数化影响

接下来继续去除参数化群的影响，在这个过程要对曲线进行重新参数化，通过找到满足下面条件的 $\gamma^*_{(t)}$ 获得新的参数曲线 $p_e(t)=p_r(t)$ 和 $q_e(t)=q_r(\gamma^*_t)$，从而去除参数化的影响。对于开曲线，可以根据下述代价函数公式找到参数化函数，如式（5-10）。

$$\gamma^o_{(t)} = \arg\inf_{\gamma \in \Gamma} \int_0^1 \left\| p_r(t) - \sqrt{\dot{\gamma}(t)} q_r[\gamma(t)] \right\|^2 dt \qquad (5\text{-}10)$$

其中 $\dot{\gamma}(t)$ 是参数曲线的导曲线。这个方法可以通过 DP（Dynamic Programming，动态规划）算法找到 γ^o_t。

5. 计算测地距离

至此，通过去除尺度、旋转以及参数化的影响，形状空间已构建完成。两条连续曲线已经被映射为形状空间中超球上的两个点。根据弹性形状空间理论，两个曲线弹性度量下的相似度可以理解为两点在超球上的测地距离，即超球上大圆圆弧的角度。根据式（5-11）计算该测地距离 d_{elastic}。

$$d_{\text{elastic}} = d[p_e(t), q_e(t)] = \arccos\left[\int_0^1 p_e(t) \cdot q_e(t) dt\right] \qquad (5\text{-}11)$$

四、笔画重构方法

笔画重构方法是自上而下匹配方法的重要组成部分，由于该方法内容较多，我们将其从自上而下多维度匹配方法中提取出来单独描述。在目前的动画工业生产中，笔画匹配需要满足一对一的匹配要求。模棱两可的匹配，比如一对多或者局部对全局的匹配将会导致错误的中间帧。然而用户在进行自由创作时通常会忽视笔画数量的对应，比如动画角色的相同部位在不同的关键帧中，其笔画组成的数量会因动画师的绘画习惯有所差异。此外，由于拓扑关系发生改变，不同关键帧相同位置的笔画数量也有可能不同，比如其中一个笔画被另一个笔画分割成了两部分。以上情况在真实动画创作中经常发生且会影响匹配方法的稳定性。

为了构建一对一的笔画对应，需要提出一种笔画重构的方法，即通过笔画的融合与分割使得给定的两组复合笔画组中笔画数量保持一致，从而形成两个复合笔画组之间笔画的一一对应。

首先解释复合笔画组的概念。一个复合笔画组 Cs 是由一个或多个独立笔画 Ss^m 有序地首尾相连构成的，其中 $m \in 1,2,\cdots,k$，m 为 Ss 在 Cs 中的索引。当 k 为 1 时，Cs 退化为独立笔画 Ss。因此，复合笔画组只有两个顶点，即起点和末点，且非闭合。此外，组内没有分叉的笔画。笔画首尾相连的地方称为连接点，表示为 $Cn^k \in Cn$。笔画重构的主旨是根据原始复合笔画组 Cs_s 对目标复合笔画组 Cs_t 进行数量和位置的对齐处理，使得 $Ss_s^m \in Cs_s$ 与 $Ss_t^n \in Cs_t$ 一一对应。

综上所述，笔画重构包括 3 种情况，即将 Cs_s 融合为 Ss_s，将 Ss_s 分割为 Cs_s，以及调整 Cs_s^m 中 Cs_t^m 的数量和形状。不论怎样对笔画进行重构，要求复合笔画组构成的外形不变，即 Cel 形状的几何外形不变。

为了解决上述问题，本章提出了基于弹性配准（Elastic Registration）的笔画重构方法。该方法的核心思想是将复合笔画组 Cs_s、Cs_t 拟合为独立完整笔画 Ss_s、Ss_t。通过构建能量公式计算出新的参数 γ。通过该参数，可以在 Ss_s、Ss_t 中找到关于连接点 Cn_s、Cn_t 的对应位置，即获得重新参数化后的 Cn_s'、Cn_t'。根据 Cn_s'、Cn_t' 再对 Ss_s、Ss_t 进行分割，得到重构后的笔画。最后根据重构的笔画对 Cel 形状的拓扑进行调整，重新设置多维度图的结构。笔画重构的效果可参考图 5-6。该方法的优点在于重构时考虑了弹性对笔画的影响，使得中间帧动画更加真实。该笔画重构过程中，不仅能够对笔画进行配准，也能够动态改变相关多维度图的结构。此外，该方法可以与本章的几何相似度度量方法同时进行，从而提升了整个算法框架的效率。如图 5-7 所示，下面对其细节进行描述。

图 5-6 中，（a）没有重构的笔画，Cs_s、Cs_t 分别代表原始复合笔画组

和目标复合笔画组，其中 Cs_s 由两个独立笔画构成，Cs_t 由 3 个独立笔画构成，Cs_s 和 Cs_t 代表连接点。图 5-6（b）是重构的笔画结果，Cs'_s 和 Cs'_t 代表重构后的原始复合笔画组和目标复合笔画组。相同颜色的笔画代表对应的笔画匹配，红色圆圈代表原有的连接点，蓝色圆圈代表新生成的连接点。

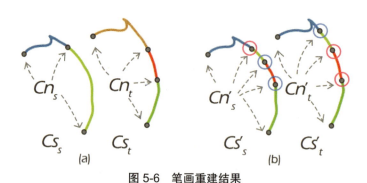

图 5-6　笔画重建结果

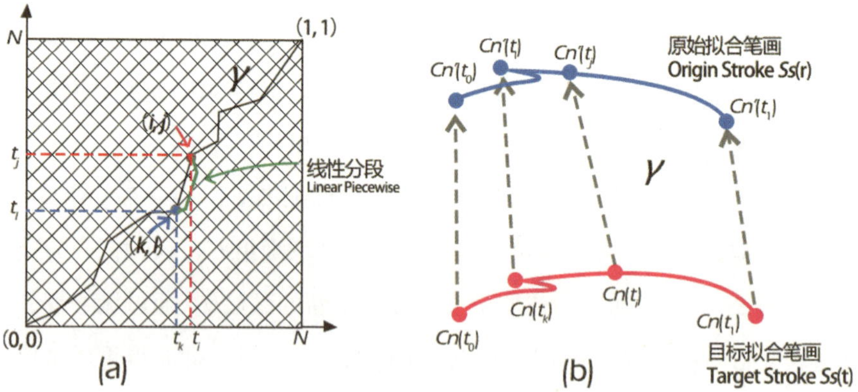

图 5-7　笔画重构方法的细节

图 5-7 中，（a）是用本章方法构建的网格与 γ 所指代的路径，（b）表示根据参数将笔画上的连接点进行对应。

首先介绍求解参数 γ 的方法。对于 $F:[0,1]\times[0,1]\times\mathbb{R}\to\mathbb{R}$，该方法需要最小化关于 γ 的能量公式（5-12）。

$$E(\gamma)=\int_0^1 F\left[t,\gamma(t),\dot{\gamma}(t)\right]dt \qquad (5\text{-}12)$$

其中，γ 是微分同胚于 $[0,1]$ 的映射，且 $\gamma(0)=0, \gamma(1)=1, \dot{\gamma}>0$。该公式

中的距离采用在式（2-57）中提到的弹性距离。该问题可以看作一个非线性回归问题，通常通过针对 $F(t,\gamma(t),\dot{\gamma}(t))=\|y(t)-f(\gamma(t),\dot{\gamma}(t))\|^p, p\geqslant 1$ 中的 γ 来优化公式（5-12）从而解决该问题。

然而，在算法实现过程中，计算机需要将连续问题离散化后进行实践。因此，一个关于式（2-57）带有梯形法则的离散化公式表示为式（5-13）。

$$E(\vec{\gamma}) = \frac{1}{2}\sum_{l=1}^{N-1} h_l \left[F(t_{l+1},\gamma_{l+1},\dot{\gamma}_{l+1}) + F(t_l,\gamma_l,\dot{\gamma}_l) \right] \quad (5\text{-}13)$$

其中，$\{t_l\}_{l=1}^{N}, t_1=0<t_2<\cdots<t_N=1$ 是 t 在 $[0,1]$ 之间的离散化采样，采样个数为 N。$\gamma_1=0, \gamma_N=1, h_l=t_{l+1}-t_l, \gamma_l=\gamma(t_l), \dot{\gamma}_l=(\gamma_{l+1}-\gamma_l)/h_l$，$l=1,\cdots,N-1$。$\dot{\gamma}_N=\dot{\gamma}_1$ 是导数的边界条件。

为了解决式（5-13）的优化问题，本章方法引入动态规划的思想和解决策略[89、137、138]，通过迭代的方式解决该问题。给两个离散化的参数 $\{t_i\}_{i=1}^{N}, t_1=0<t_2<\cdots<t_N=1, \{z_j\}_{j=1}^{N}, z_1=0<z_2<\cdots<z_M=1$，$N$ 为采样个数。它们可以构建一个 $N\times N$ 的方形单元网格，其网格上的每个点 (i,j)，$1\leqslant i,j\leqslant N$ 表示平面上的点 t_i, z_j。如果网格上每一部分足够小，比如 $\max(t_{m+1}-t_m), 1\leqslant m<N-1$ 和 $\max(z_{m+1}-z_m), 1\leqslant m<M-1$。那么，$\gamma$ 在网格上可以近似表示为从网格点 $(1,1)$ 到网格点 (N,M) 由多个分线段组成的线性路径，其网格点为线段的顶点。因此，给定网格点 $(k,l),(i,j), k<i, l<j$，这两个点是关于 γ 的图的线性组成部分的两个顶点。那么，由 $(k,l),(i,j)$ 构成的线段上的能量可以表示为式（5-14）。

$$\begin{aligned} E_{(k,l)}^{(i,j)} &\equiv \frac{1}{2}\sum_{m=k}^{i-1}(t_{m+1}-t_m)(F_{m+1}+F_m) \\ F_m &\equiv F(t_m,\alpha(t_m),L) \quad m=k,\cdots,i \end{aligned} \quad (5\text{-}14)$$

其中 α 是一个从 $[t_k,t_i]$ 到 $[z_l,z_j]$ 的线性方程，其图形可以表述为线段，$\alpha(t_k)=z_l, \alpha(t_i)=z_j$，$L=\dfrac{z_j-z_l}{t_i-t_k}>0$ 是线段的斜率。至此，关于 的能量可

以定义为线性组成部分能量的和。

将上述问题转化为在网格中寻找一条合适的路径，使得式（5-13）中的能量最小。求解上述问题非常适合使用动态规划算法，因为与一条路径相关的代价在其线段上是相加的。了解上述参数计算方法后，笔画重构方法的整体算法如算法 5 描述。上述算法的主要思想为动态规划方法，因此算法的时间复杂度为 $O(n^2)$，这里的 n 为笔画均匀采样的个数。

算法 5 笔画重建算法

输入：原始与目标复合笔画组 Cs_s、Cs_t，及其对应内部连接点 Cn_s、Cn_t

输出：重构后的原始复合笔画组 Cs'_s，目标复合笔画组 Cs'_t

1：执行 B 样条拟合算法，将 Cs_s、Cs_t 拟合为 Ss_s、Ss_t

2：对 Ss_s、Ss_t 进行均匀采样

3：对采样点进行动态规划算法，计算 Ss_t 对齐 Ss_s 的参数 γ

4：if Cn_s 为空，Cn_t 不为空 then

5：根据 γ 在 Ss_s 上找到对应于 Cn_t 的点集，将点集增添至 Cn'_s 中。将 Cn_t 设置为 Cn'_t

6：else if Cn_t 为空，Cn_s 不为空 then

7：根据 γ 在 Ss_t 上找到对应于 Cn_s 的点集，将点集增添至 Cn'_t 中。将 Cn_s 设置为 Cn'_s

8：else

9：根据 γ 在 Ss_s 上找到对应于 Cn_t 的点集 Cn'_s，以及在 Ss_t 上找到对应于 Cn_s 的点集 Cn'_t。将 Cn_s、Cn_t 的点导入 Cn'_s、Cn'_t 中

10：end if

11：对 Cn'_s、Cn'_t 中的点进行排序。根据其中的点的位置对 Ss_s、Ss_t 进行分割。分割后的线段重新拟合为 B 样条曲线

12：对 Cn'_s、Cn'_t 中的点进行排序。根据其中的点的位置对 Ss_s、Ss_t 进行分割。分割后的线段重新拟合为 B 样条曲线，并形成新的复合笔画组 Cs'_s、Cs'_t

13：根据 Cs'_s、Cs'_t 的拓扑关系，对已有的多维度图进行调整。为其添加笔画节点、顶点节点以及相应的边和属性

14：return Cs'_s、Cs'_t

五、自上而下的多维度匹配方法

为了解决多维度图匹配问题，即多目标的二次分配问题，本章提出了针对 Cel 形状自上而下（Top-to-Down）的多维度图匹配方法。该方法能够

同时考虑 Cel 形状多维层级水平方向的拓扑信息、垂直方向的拓扑信息以及相同维度内元素的几何信息，并能够在多项式时间内解决该多目标二次匹配问题。该方法的主要思想为增加多目标二次分配问题的约束条件，自上而下逐级进行最优匹配，在层级匹配的过程中，低维层级借助高维层级的匹配结果设置分配权重。

首先解决区域维度的二次分配问题，根据多维度图的拓扑关系将区域匹配结果向笔画层级方向传递。依据区域匹配结果，可以直接获得部分笔画匹配。剩余的笔画再根据二次分配解决方法进行匹配。笔画匹配结果同样再向顶点层级传递，顶点层级同样使用上述方法进行匹配。最后将各个层级中无法找到匹配的元素向低维度层级的元素匹配，实现跨层级的匹配。本方法即使在 Cel 形状存在较大几何变形和拓扑变化的情况下，依然能够找到全局最优匹配，流程如下。

第一步，输入原始 Cel 形状与目标 Cel 形状中多维度图，初始化一个元素匹配列表 L。

第二步，根据多维度图对两个 Cel 形状进行区域匹配，将匹配结果传入 L 中。

第三步，对两个 Cel 形状的所有笔画进行拓扑简化。

第四步，遍历所有已匹配的区域，当遍历至 R_i 区域后，寻找 R_i 的所有邻接区域，并提取匹配区域 R'_i 及其匹配邻接区域。对上述区域的共享边进行匹配。

第五步，遍历所有笔画，提取出分叉笔画与分叉笔画组并对其进行匹配。

第六步，根据第三步与第四步的匹配结果，寻找非共享笔画的匹配。

第七步，对剩余笔画进行二次分配笔画匹配方法。将所有笔画匹配结果存入 L 中。

第八步，根据笔画匹配结果对顶点层进行匹配。

第九步，对孤立点进行匹配，并将顶点匹配结果存入 L 中。

第十步，遍历所有元素，找出退化或衍生元素并进行跨层级匹配方法。将匹配结果存入 L 中，最终输出 L。

1. 区域层级匹配

区域层级的匹配是自上而下匹配算法的第一步，其匹配结果将直接影响 Cel 形状元素匹配的准确率。为了解决该层级的二次分配问题，本章介绍的区域匹配方法沿用精确匹配方法，在同时考虑区域几何属性条件和该层级邻接关系条件下找到区域与区域之间的最优匹配。精确匹配方法中的邻接拓扑关系与区域层级之间的水平方向拓扑关系一致。此外，这里同样可以使用实时与交互匹配方法。因为该方法同样考虑了区域的几何关系和拓扑关系，这两种方法的选择根据 Cel 形状的具体特点而定。精确匹配方法可以减轻用户的负担，对于具有较少区域的 Cel 形状相对高效。而对于含有大量歧义拓扑变化的区域匹配，则推荐使用实时与人工区域匹配方法。区域匹配结果将会被笔画层级匹配过程所利用，算法细节参考第三章与第四章。

2. 笔画层级匹配

笔画层级匹配是自上而下匹配算法核心，能够体现整个方法对拓扑关系的利用率。该线性过程依次为 Cel 形状的笔画简化、共享笔画的匹配、非共享笔画的匹配，以及分叉笔画的匹配。此外，在笔画匹配的过程中会频繁使用笔画重构方法，如图 5-8 所示，下面重点介绍该方法以及匹配笔画过程。

（1）拓扑简化

笔画层级匹配首先需要对整个 Cel 形状的笔画进行拓扑简化。该过程是为了在保持 Cel 形状几何外形不变的情况下，简化 Cel 形状的拓扑关系，去除冗余的笔画。这样做有利于在保证动画正常生成的情况下简化整个匹配过程，增加匹配的准确率。简化方法可以简单描述为遍历所有笔画，若当前笔画和其邻接笔画的共享点没有连接之外的第三条笔画，那么这两条笔画融合为一条笔画。根据多维度图中的顶点层拓扑表达，方法可以很容易地找出笔画冗余的地方，如图 5-8（a）和（c）中的 S_7、S_8 笔画。融合的方法借鉴笔画重构中的 B 样条线拟合方法[139]。此外，在笔画简化过程中，笔画层中边的方向也进行了修改。

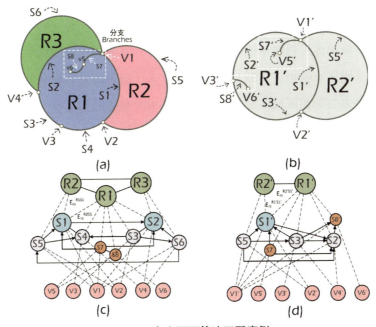

图 5-8　自上而下算法匹配案例

图 5-8 中，（a）和（b）为两个等待匹配的 Cel 形状，其中标记了 Cel 形状不同维度的元素。R 代表区域，S 代表笔画，V 代表顶点。白色虚线框表示分支笔画。（c）和（d）分别是从（a）和（b）中提取出的多维度图结构。

（2）共享笔画匹配

拓扑简化结束后，进行共享笔画的匹配。共享边是指两个邻接区域所交边界笔画，如图 5-8（a）中的 S_1、S_2 以及（b）中的 S'_1 笔画。共享笔画可以很方便地通过多维度图的拓扑信息以及半边结构提取出来。共享笔画的匹配可以借助区域层级匹配结果通过逻辑推理的方式获得。如果图 5-8 中 R_1、R_2 与 R'_1、R'_2 匹配，那么在多维度图中与之连接的垂直方向的边匹配的概率就会增加，比如边 $E_{rs}^{R_1S_1}$、$E_{rs}^{R_2S_1}$ 与 $E_{rs}^{R_1'S_1'}$、$E_{rs}^{R_2'S_1'}$ 可能匹配。又因为笔画层每一个节点最多与区域层的两个区域相连，所以根据拓扑关系很容易找到相应的共享笔画。因此根据推断可以确定共享笔画 S_1、S_1' 为匹配关系。

多数情况下，多个共享笔画会构成复合笔画组，这时首先确定两组复合笔画组为匹配关系，然后进行笔画重构，最终得到一对一的共享笔画匹配。共享笔画组可以通过笔画层的邻接关系以及笔画层与顶点层的拓扑连接关系来确认。值得注意的是，通过该方式可能无法得到所有共享笔画的匹配，因为如果在区域匹配过程中有些区域没有找到相应匹配，那么相关的共享笔画也无法找到相应匹配。这里将这些笔画视为非共享笔画，在之后的流程中进行处理。在笔画匹配的同时，根据顶点信息可以很轻易地对相应的始末顶点进行匹配。

（3）分叉笔画匹配

在找到共享笔画的匹配后，接下来通过拓扑信息和几何信息进行分叉笔画的匹配。分叉笔画是指从区域轮廓上的一个点作为起点延伸出来的笔画或者复合笔画组，其分叉末点不会与其他元素相连，如图 5-8 中的 S_7、S_8 笔画。分叉笔画可以向区域内伸展，也可以向区域外伸展，比如图 5-9 的分叉笔画 BS_4。因此，首先需要根据上述特点在多维度图中将分叉笔画从 Cel 形状中提取出来。从顶点层出发，遍历所有节点，寻找只包含一条边拓扑结构的顶点节点，比如图 5-8 中的 V_6。首先沿着该边 $E_{sv}^{S_8V_6}$ 方向遍历至相连接的笔画节点 S_8。然后根据邻接关系开始遍历，如果邻接节点所指笔画 S_7 有边 $E_{rs}^{R_1S_7}$ 与一个区域相连，那么所遍历的所有笔画，则 S_7、S_8 可以构建为一个分叉笔画。既然可以根据多维度图找到分叉笔画，那么在获得相应的匹配信息后，比如分叉笔画顶点匹配信息，方法可以确定分叉笔画的匹配。比较复杂的是在 Cel 形状中，分叉笔画可能会构成比较复杂的分叉笔画组，如图 5-9 所示。根据共享笔画匹配信息和顶点匹配信息，方法只能确定两组分叉笔画的匹配。

图 5-9 中，（a）和（b）分别为原始分叉笔画组和目标分叉笔画组。其

中 BS 代表分叉笔画，BV 代表顶点。

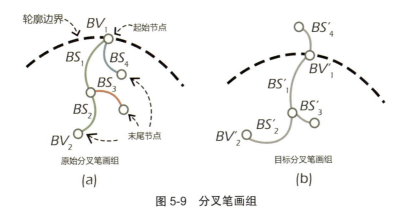

图 5-9 分叉笔画组

对于寻找分叉组内的笔画匹配，解决思路是将分叉笔画拆分成多条复合笔画组，然后对其进行最优匹配。首先根据分叉笔画组唯一的起始顶点进行遍历，将分叉笔画组拆分成多个复合笔画组，比如图 5-9 中原始分叉笔画组可以拆分为 $\{BS_1,BS_2\},\{BS_1,BS_3\},\{BS_4\}$，目标分叉笔画组可以拆分为 $\{BS'_1,BS'_2\},\{BS'_1,BS'_3\},\{BS'_4\}$。然后将复合笔画组 $CS_1=(BS_1,BS_2)$，$BC'_1=(CS'_1,BS'_2)$ 通过 Hungarian 算法进行最优匹配，其中算法构建的二分图权重是通过本章介绍的笔画相似度度量计算得到的。接着根据相似度大小顺序遍历匹配结果，如果匹配结果中仍然存有分叉笔画组，那么方法采用递归的方式继续对其进行处理，比如 $BC_1=(BS_1,BS_2)$ 和 $BC'_1=(BS'_1,BS'_2)$ 的匹配，此时 BS_4 和 BS'_4 被视为 BC_1 与 BS'_1 上的分叉笔画继续执行分叉笔画组匹配任务，直至遍历完成所有融合笔画。复合笔画组的匹配可参考本章的相关内容。需要注意的是，分叉笔画是有方向的，在计算相似度时需要考虑笔画的方向。

（4）剩余笔画匹配

剩余笔画是指在共享笔画和分叉笔画匹配后没有找到匹配的笔画。这些笔画主要包括非共享笔画和孤立笔画。通过多维度图信息以及部分笔画的匹配结果，方法仍然能够借助拓扑信息找到部分非共享笔画的匹配，比如图 5-8 中的 S_5。假设 R_2 与 R_2' 匹配，共享边 R_1 与 R_1' 匹配，又已知 S_5 与 S_5' 是 R_2 与 R_2' 的组成部分，就不难通过拓扑关系推断出 S_5 与 S_5' 匹配。如果共享边找到匹配，那么与共享边邻接的边则会有更大概率匹配，如果再借助区域与笔画层间的拓扑关系信息，那么不难找到非共享边的匹配。

根据上述描述，方法可能找到一组非共享笔画和另一组非共享笔画，如图 5-8 中的 $\{S_3, S_4\}$ 与 $\{S_2', S_3'\}$。对此，本章同样用笔画重构方法通过复合笔画组的形式进行处理。至此，通过拓扑信息的方式已经找到了大部分笔画匹配。

对于剩余未匹配笔画以及孤立笔画，本章方法采用类似于区域精确匹配方法中的谱匹配方法，其中解决问题的关键是构建亲和矩阵 M 和谱匹配。对于 M 中的每一个元素 M_{pq} 代表笔画匹配候选的信心值，即第 p 个候选匹配 (S_i^1, S_i^2) 与第 q 个候选匹配 (S_j^1, S_j^2) 之间的相似度。这里的笔画 S_i^1 和 S_j^2 来自原始 Cel 形状，笔画 $S_{i'}^1$ 和 $S_{j'}^2$ 来自目标 Cel 形状。它们笔画候选之间的相似度可以看作 W，如式（5-15）所示。

$$W = d_{\text{elasitc}}(S_i^1, S_{i'}^1) + d_{\text{elasitc}}(S_j^2, S_{j'}^2) + \omega \cdot d_{\text{elasitc}}(CS_{ij}, CS_{i'j'}) \quad (5\text{-}15)$$

其中 $d_{\text{elasitc}}(S_i^1, S_{i'}^1)$ 为笔画 S_i^1 和 $S_{i'}^1$ 的弹性相似度度量值。$d_{\text{elasitc}}(S_j^2, S_{j'}^2)$ 为笔画 S_j^2 和 $S_{j'}^2$ 的弹性相似度度量值。$d_{\text{elasitc}}(CS_{ij}, CS_{i'j'})$ 为 S_i^1、S_j^2 和 $S_{i'}^1$、$S_{j'}^2$ 构成的复合笔画组融合后的笔画弹性相似度度量值。如果它们无法构建复合笔画组，也就是没有相邻关系，那么 $d_{\text{elasitc}}(CS_{ij}, CS_{i'j'})$ 为无穷大。有了相似度表示，亲和矩阵 M_{pq} 可以定义为式（5-16）。

$$M_{pq} = \begin{cases} e^{-W} & M_{pq}^A = 1 \\ 0 & M_{pq}^A = 0 \end{cases} \quad (5\text{-}16)$$

由于方法能够通过拓扑信息找到大多数匹配，已确认的候选匹配在矩阵中直接表示为 1，所以最终的亲和矩阵为一个非常稀疏的对称矩阵。获得该亲和矩阵后，方法执行谱匹配方法。到此，笔画匹配过程结束。从方法上可以看出，通常通过多维度图的拓扑信息就可以确定绝大部分笔画匹配。

3. 顶点层级匹配

相比区域和笔画层级的匹配，顶点层级匹配较为简单。因为匹配结果从区域层级传递到笔画层级再传递至此，其匹配信息已经足够丰富。通过已匹配的笔画信息和其顶点相关的拓扑信息已经足以找到大部分顶点的匹配。比如在图 5-8 中如果 S_1 与 S_1' 匹配，通过多维度图中 $E_{sv}^{S_1V_1}$、$E_{sv}^{S_2V_2}$ 以及 $E_s^{S_1S_2}$ 的方向，完全能够推断出 V_1 与 V_1' 以及 V_2 与 V_2' 匹配，然而在 Cel 形状中会出现孤立点，这些孤立点在多维度图中没有任何的拓扑信息可以提取，这使得通过拓扑关系推断的方式无法找到孤立点的匹配。为此，本章提出了孤立点匹配方法。首先提取原始和目标 Cel 形状的孤立点。然后采用经典的形状上下文描述符提取点的特征。该方法在第三章和第四章的对比实验中都有介绍。这里描述符的维度设置为 60，那么来自原始 Cel 形状的孤立点 V_i 与目标 Cel 形状的孤立点 V_j 之间的距离则可以表示为式（5-17）。

$$d_{sc}(V_i,V_j) = \frac{1}{2}\sum_{k=1}^{m}\frac{\left[h_{V_i}(k)-h_{V_j}(k)\right]^2}{h_{V_i}(k)+h_{V_j}(k)} \qquad (5\text{-}17)$$

其中 m 是扇区的个数，也是特征空间的维度。$h_{V_i}(k)$、$h_{V_j}(k)$ 分别为 V_i 与 V_j 点的统计分布直方图。定义了两点的距离后，通过 Hungarian 算法可以找到孤立点的匹配。

4. 跨层级匹配

经过上述匹配过程后，各个层级的元素大部分都找到了相应的匹配，但有些元素由于动画过程中发生了退化或衍生情况，导致它们无法找到相应的匹配。如果是单一维度的匹配方法，需要考虑一对多或者多对多的匹配，而本章方法在遇到该情况时将其转化为不同维度元素间的匹配。该过程主要依靠多维度图的垂直方向拓扑关系寻找跨维度元素间的匹配。跨维度匹配的步骤如下。

（1）遍历多维度图

给定两个已完成相同维度匹配的多维度图，如果这两个图中每个层级的元素数量一致，且每个元素都找到了相应的匹配，则可视为已完成两个 Cel 形状一对一匹配的过程。整个自上而下匹配过程至此结束，如果 Cel 形状相同，维度元素数量不同，或者在相同维度匹配过程中区域没有找到相应匹配，则需要通过多维度图遍历的方式寻找无法找到匹配的区域并构建跨维度的匹配。遍历过程参照 Cel 形状所构建的多维度图，从顶点维度出发自下而上逐层遍历，每个层级需要遍历所有节点并检查节点是否有退化或衍生情况。对于顶点层级的遍历，由于没有邻接关系的指引，其遍历路径可以任意设置。对于笔画和区域维度，遍历路径根据邻接关系进行设置。每个层级所有节点被访问后，根据最后访问节点的垂直拓扑关系将遍历路径转向高维度层级，当多维度图中所有节点都被访问后，自上而下的匹配至此结束。

（2）寻找退化或衍生元素

每当遍历至新的节点时，需要根据多维度图的垂直拓扑关系判断该节点是否为退化或衍生元素。对于退化与衍生情况，可以描述为当一个元素没有在相同维度内找到相应的匹配，且该元素在其 Cel 形状的多维度图中含有垂直方向的边，那么该元素发生了退化或衍生情况。例如在图 5-8 中，如果 R_1 与 R_1' 匹配，R_2 与 R_2' 匹配，那么 R_3 与 S_6 则无法找到相应的匹配。这里将这种情况称为 R_3 在图 5-8（a）的 Cel 形状中发生了退化，在图 5-8（b）的 Cel 形状中发生了衍生。这两种情况是相对的，其实质是相同的。一个元素可以退化为低于自身的任意维度，比如区域可以退化为笔画，也可以退化为顶点，顶点可以退化为空（Dummy），衍生情况与退化情况相同。根据上述描述，寻找退化或衍生元素的过程可以描述为首先判断该元素是否为孤立顶点，如果不是孤立顶点，则寻找该节点维度间的边，如果存在此边，则判定该元素发生退化或衍生情况。

（3）构建跨维度匹配

找到退化或衍生元素后，需要在目标 Cel 形状中寻找相应跨维度的匹配元素，该过程依靠多维度图的垂直拓扑关系寻找节点垂直方向的一阶邻域与二阶邻域的节点，并通过提取邻域节点相同维度的匹配结果进行跨维度匹配。这里垂直方向的一阶邻域节点指与一个节点 v_α 的层间边 $E_{\alpha\beta}$ 相连的所有节点 V_β，如图 5-8 中的 R_3 与 S_2。垂直方向的二阶邻域节点指与一个节点 v_α 的一阶邻域节点 V_β 相连的所有节点 V_θ，且 V_θ 中的节点与 v_α 不在同一个维度中，如图 5-8 中的 R_3 与 V_4。构建跨维度匹配的具体过程描述为给一个发生退化或衍生的元素 A，首先沿多维度图垂直方向寻找与 A 元素一阶邻域的节点 B，如果 B 已找到匹配结果 B'，则构建 B' 元素与 A 元素的匹配关系；如果 B 没有匹配结果；那么继续在 A 的二阶邻域节点中寻找带有匹配结果的 B，直至 B 存在匹配结果 B'；如果遍历所有一阶和二阶邻域节点都无法找到带有匹配结果的元素 B，则将 A 元素与 Dummy 节点匹配。例如在图 5-8 中，R_3 表示退化元素，那么寻找 R_3 在垂直方向的一阶邻域元素 S_2 与 S_6。当发现 S_2 与 S_2' 匹配后，构建 R_3 与 S_2' 的跨维度匹配，如果 S_2 与 S_6 都没有相对应的匹配，则遍历二阶邻域元素 V_1 与 V_4。当发现 V_1 与 V_1' 匹配时，构建 R_3 与 V_1' 的匹配。如果 V_1 与 V_4 仍然没有对应匹配，那么 R_3 与 Dummy 节点匹配。

整个跨维度匹配流程可以简单描述为，首先从顶点层级遍历，找到退化或衍生的顶点和孤立点并构建跨维度的匹配，这里的孤立点与 Dummy 节点匹配。然后根据笔画层级的有向图遍历笔画节点，找到退化或衍生的笔画，构建笔画与之对应的区域匹配与顶点匹配。退化的笔画可能会找到多个跨维度匹配元素，这里我们将找到的所有跨维度元素与该笔画匹配。最后根据区域层级的邻接图遍历区域节点，找到退化或衍生的区域，构建区域与之对应的笔画与顶点匹配。

这里需要说明，如果一个区域退化成一个复合笔画组，那么该区域与笔画组中的每一个笔画匹配。比如图 5-8 中假如 S_2 为多条笔画组成的复合笔画组，那么 R_3 会出现一对多的匹配情况，这也符合动画中间帧生成的规律。区域层级遍历结束后跨维度匹配结束，并且整个自上而下的匹配过程结束。上述算法时间复杂度取决于笔画重构方法，根据笔画重构时间复杂度可以得出整个算法的时间复杂度为 $O(n^2m)$，这里的 n 为笔画均匀采样的个数，m 为重构的笔画数。

六、实验结果与讨论

为了评估方法的有效性，下面通过几个有代表性的案例展示方法匹配结果以及与其他方法的对比结果，如表 5-1、表 5-2 所示。

表 5-1　方法实验细节

案例	信息				
	原始区域数/个	目标区域数/个	原始笔画数/个	目标笔画数/个	带有拓扑变化
Monkey	20	21	35	39	是
Teenager	8	9	63	65	是
Youngster	11	11	51	50	否
Boy	19	18	87	90	是
Adult	17	17	81	76	是

表 5-2　方法实验结果

案例	信息					
	重构后原始笔画数/个	重构后目标笔画数/个	区域匹配准确率	笔画匹配准确率	节点匹配准确率	跨维度匹配元素数/个
Monkey	61	62	100%	100%	100%	2
Teenager	67	70	100%	100%	100%	4
Youngster	55	55	100%	100%	100%	4
Boy	85	84	100%	100%	100%	10
Adult	90	78	100%	64.4%	64.2%	13

为了更好地展示实验对比结果，实验采用的数据集[59]包含 5 个案例，这些案例的共同特点是 Cel 形状带有几何变形或拓扑变化，且除了 Boy 案

例，其他案例都进行了分层信息处理。实验结果除了通过图像的方式展示匹配结果，同样采用匹配准确率作为衡量标准。方法部署在带有 2.4GHz Intel Xeon CPU 和 16GB 内存，以及 NVIDIA Quadro M4000 图形卡的工作站上。区域匹配方法中的区域轮廓采样率为每个轮廓平均采 100 个点。

1. 方法实验结果分析

方法实验分别展示该方法在区域匹配、笔画匹配、顶点匹配以及跨维度匹配的结果，如图 5-10、图 5-11 所示。整体来看，除了 Adult 案例，其他案例在该方法的帮助下都达到了理想的匹配结果。

图 5-10　案例（a）—（c）的方法实验结果

图 5-10 中，基数行与偶数行分别代表原始 Cel 形状与目标 Cel 形状相关元素，（a）为 Monkey 案例结果，（b）为 Teenager 案例结果，（c）为 Youngster 案例结果。

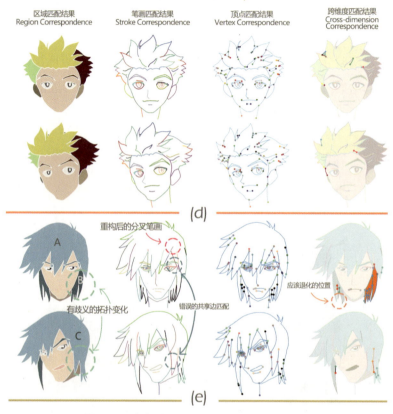

图 5-11　案例（d）、（e）的方法实验结果

图 5-11 中，基数行与偶数行分别代表原始 Cel 形状与目标 Cel 形状相关元素，（d）为 Boy 案例结果，（e）为 Adult 案例结果。

对于区域匹配来说，本章方法在区域精确匹配方法的帮助下可以轻松地找到所有案例的正确匹配。即使在没有分层信息的帮助下也可以做到 100% 匹配，如案例 Boy。而且，方法可以筛选出退化或衍生的区域。

在笔画匹配效果中可以发现，方法能够很好地利用区域匹配所传递的匹配结果，在前 4 个案例中，准确率达到 100%。此外，从实验结果中可以看出，方法对原始 Cel 形状以及目标 Cel 形状的笔画结构都进行了调整，但是并没有改变整体的几何外形。这是受笔画层级匹配中笔画重构方法的影响。数据显示匹配过程对笔画进行了大量的分割，原始笔画数与重构后的笔画数相比，平均增添了 3.68 倍，这是由于在构建拓扑关系的过程中，相交的笔画根据交点进行了重构，形成了分叉笔画。从实验中可以看出新增的笔画大多来自分叉笔画，如头发的发梢，如图 5-11（e）所示。分析数据可以看出，即使区域层级匹配率很高，笔画匹配的过程中也有可能会出现错误。

对于顶点匹配，可以看出其效果取决于笔画匹配的效果，不像区域与笔画，笔画与顶点的匹配准确率相差不大。如果笔画匹配准确率达到 100%，顶点匹配会很容易被完美地构建。如果笔画匹配出现错误，顶点匹配必然会出现错误。因为顶点匹配非常依赖于笔画和顶点之间的拓扑关系。对于跨维度的元素匹配，所有案例都能在方法的帮助下找到相应的退化或衍生位置并进行正确的匹配。

下面重点分析 Adult 案例中的错误匹配情况。在该案例中，错误的匹配多出现于图像右下角的发梢、脸部与右边头发的边界位置以及左下角的头发区域。出现错误的原因归结于遮挡所产生的带有歧义的拓扑变化。从区域匹配结果可以看出，虽然方法找到了相应的匹配，但是仍然无法理解图像右边头发的拓扑变化。如图 5-11（e）区域匹配所示，如果将原始形状头顶区域记作 A，右下角头发区域以及目标形状的头顶区域记作 C，按照动画师的思路，区域 A 与区域 B 的背面共同构造了区域 C，方法的区域匹配虽然能识别出 B 是退化区域，但是无法确认该区域应该是退化为 A 的一部分还是脸部的一部分，而且即使是动画师也很难描述整个拓扑连续变化的过程。因此，这里的歧义拓扑变化引起了笔画匹配过程中错误地共享边匹配。共享边一旦出现错误匹配，那么拓扑信息会引导更多的错误匹配。图 5-11（e）中左下角的深色头发部分同样出现了类似的错误。除此之外，其他的笔画也能找到正确的匹配。

2. 方法对比实验分析

为了更好地说明方法有效性，下面将本章方法与现有经典方法进行比较。由于目前没有跨维度匹配方法与之比较，这里选择与相同维度元素匹配方法进行比较。区域匹配对比方法已在第四章介绍过，顶点匹配在计算机辅助动画领域中很少出现，因此这里针对笔画的匹配方法进行比较。对比实验所选对比方法为 Hungarian+Shape Context、Hungarian+Kendall 以及 Manifold Learning[59]，对比指标为笔画匹配准确率。最终结果如图 5-12 和图 5-13 所示。

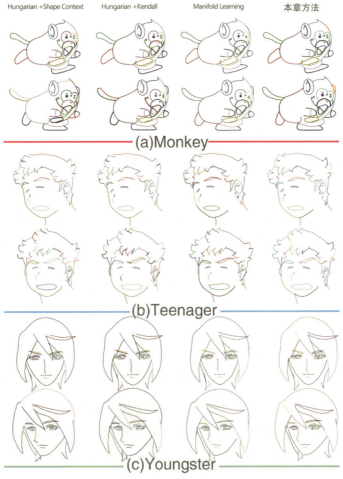

图 5-12 案例（a）—（c）的对比实验结果

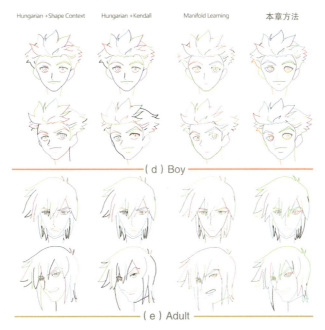

图 5-13　案例（d）、（e）的对比实验结果

Hungarian+Shape Context 方法中，将 Shape Context 作为笔画的几何相似度度量方法，Hungarian 方法借助几何度量结果进行全局最优匹配。从表 5-3 中可以看出，该方法准确率最低。原因是该方法对笔画的几何度量较为粗糙。案例中多数笔画较为相似，Shape Context 形状描述符所提取特征不足以进行区分。最关键的是，案例中的笔画在动画过程中发生了形变，发生形变的笔画无法只依靠几何属性寻找匹配。此外，该方法无法处理退化和衍生的情况。相比之下，本章方法能够充分利用 Cel 形状的拓扑信息对匹配进行约束。基于弹性形状空间的相似度度量方法对寻找笔画几何差异也更有效。

表 5-3　对比实验结果

案例	Hungarian+Shape Context	Hungarian+Kendall	Manifold Learning	本章方法
Monkey	20.00%	34.29%	100.00%	100.00%
Teenager	17.46%	20.63%	100.00%	100.00%
Youngster	16.00%	18.00%	100.00%	100.00%

续表

案例	Hungarian+Shape Context	Hungarian+Kendall	Manifold Learning	本章方法
Boy	11.49%	16.09%	59.00%	100.00%
Adult	9.21%	15.79%	67.00%	64.40%
平均	14.83%	20.96%	85.20%	92.88%

Hungarian+Kendall 方法与 Hungarian+Shape Context 方法相似，区别在于将几何相似度度量方法替换为基于 Kendall 形状空间的度量方法。从表 5-3 中发现该方法的平均准确率仅比 Hungarian Shape Context 高 6.13%，基于 Kendall 的度量方法比 Shape Context 方法高效，是因为 Kendall 模型能更好地计算笔画的内蕴几何差异。然而在没有拓扑信息帮助的情况下，该方法仍然无法达到可接受的标准。相比之下，本章方法在基于内蕴几何度量的情况下还考虑了笔画的弹性影响。最重要的是本章方法能够有效利用笔画的拓扑信息。

Manifold Learning 方法[59]从笔画采样的离散点出发，通过流形学习的框架对离散点进行匹配，通过匹配结果将笔画进行重构，从而找到笔画对应。从表 5-3 中可以看出，其匹配效率明显高于上述两种方法。在 Monkey、Teenager 以及 Youngster 案例中均能达到 100% 准确率。但是如果案例采样点分布特征不够明显，比如没有分层的 Boy 案例，那么离散点匹配就会出现错误，从而影响笔画的匹配。而且该方法无法处理其中带有歧义的拓扑的笔画匹配。相对该方法从低维向高维的匹配框架，本章方法从高维向低维匹配，由于高维的 Cel 形状带有更多的拓扑和几何信息，因此能提取更多匹配约束，从而增加匹配准确率。这些案例是否分层处理不会影响方法的准确率，该方法与本章方法都对笔画进行了重构，区别是 Manifold Learning 是依靠点的分布进行重构，而本章方法考虑了弹性的影响，理论上本章方法的重构结果更为准确。此外，本章方法可以借助不同维度间的拓扑信息，这也大大提高了方法的准确率。但是在 Adult 案例中，本章方法的准确率略低于 Manifold Learning 方法。这是因为两种方法同样无法区分案例中的拓扑变化，这种情况下的拓扑关系反而降低了匹配准确率。

第六章 总 结

一、工作总结

Cel 动画在当今文化创意产业中占有主流地位，在信息技术的帮助下，计算机辅助 Cel 动画创作中仍然有很多环节需要耗费大量的人力与时间成本，其重要原因是 Cel 形状匹配过程存在缺陷。为了提高动画生产效率，减轻动画师的冗余工作，本书重点对计算机辅助 Cel 动画中的形状匹配方法进行研究。传统的 Cel 动画形状匹配方法主要包括针对 Cel 形状的区域匹配方法、笔画匹配方法以及针对栅格化图像的机器学习方法。然而这些方法首先过多依赖于区域或笔画的几何特征，且这些特征受欧氏空间坐标系统的限制，对于带有较大变形和相似变换的形状匹配案例不够鲁棒。其次对拓扑信息的利用程度较低、衡量拓扑差异的方法粗糙，面对 Cel 形状之间拓扑不一致的情况时准确率相对较低。基于机器学习的方法受限于样本的学习和多样的 Cel 动画风格。基于人工交互的匹配方法要求用户进行多次交互干预，从而增加了用户的负担。最关键的是，目前没有研究工作能够做到同时对 Cel 形状的不同维度元素进行匹配。

为解决上述问题，本书提出了 3 种不同的 Cel 形状匹配方法，即区域精确匹配方法、区域实时交互匹配方法以及多维度匹配方法，主要工作与创新点如下。

1. 提出了基于 Cel 形状伴随图和谱匹配方法的区域精确匹配方法

该方法将矢量化的 Cel 形状区域匹配问题看作二次分配问题，并通过构建 Cel 形状伴随图以及谱匹配方法解决该问题。该方法允许区域匹配同时考虑几何相似度与拓扑差异，从而实现全局的最优匹配。该方法的核心在于构建 Cel 形状伴随图，该图节点表示一个匹配候选中区域间的几何相似度，边结构表示两个匹配候选之间的拓扑相似度。

对于衡量区域间的几何属性差异，该部分工作引入基于 Kendall 形状空间的相似度度量方法，该方法能够有效度量区域轮廓之间的内蕴距离。针对拓扑相似度度量方法，该方法首先通过邻接矩阵的方式提取了 Cel 形状的邻接关系，然后定义并划分了区域邻接关系，借助拓扑关系分类，该方法将定性的拓扑差异嵌入 Cel 形状伴随图的边结构中。而对于定量的拓扑相似度度量，该方法创新性地将其转化为几何相似度差异，通过融合与分割算法与 Kendall 模型将结算结构嵌入 Cel 形状伴随图的边属性中。最终利用谱匹配方法找到区域间的一对一全局最优匹配。

该方法适合精确处理带有较大几何变形以及拓扑不一致的区域匹配。而且对于发生相似变换的区域依然鲁棒。此外，方法适配于多线程框架。为了验证该方法的有效性，第三章通过多个具有代表性的案例验证了该方法在不同条件下的匹配准确率与时间消耗，同时展示了与其他方法的比较结果，通过客观数据说明了该方法的能力与不足。

2. 提出了基于尺度形状空间和区域邻接图的区域实时交互匹配方法

该方法将精确区域匹配方法的二次匹配问题简化为线性分配匹配问题，极大地提高了匹配的时间效率。方法的核心思想为构建区域匹配的二分图形式并找到其完美匹配。该方法创新地将 Cel 形状区域间的几何属性和拓扑属性同时嵌入二分图的边属性中，利用区域几何内蕴信息、局部拓扑信息以及全局拓扑信息找到全局最优的一对一匹配。为此，该方法引入尺度形状空间理论，在考虑区域内蕴几何属性的同时将尺度差异纳入方法框架中。对于拓扑信息，该方法提出了启发式邻接图遍历方法，高效地提取匹配区域在 Cel 形状中的局部拓扑差异和全局拓扑差异。

此外，为了允许用户交互干预匹配结果，本书提出了高效的交互匹配方法，提供了交互平台与种子节点推荐方法。整个方法能够实时解决带有较大几何变形以及拓扑不一致情况下的区域匹配，同时，方法对于带有等距变换的 Cel 形状区域匹配依然有效。第四章通过方法效率实验分析、交互效率实验分析以及实验分析说明了该方法的实际表现。

3. 提出了 Cel 动画形状多维度匹配方法

该方法将 Cel 动画形状的匹配看作多目标二次匹配问题。方法以区域匹配工作为基础，实现了 Cel 形状区域、笔画与顶点的同维度匹配与跨维度匹配。该方法创新地将 Cel 形状构建为多维度图结构，并提出了一个自上而下的匹配算法对两个 Cel 形状多维度图进行匹配。在构建多维度图过程中，该方法将 Cel 形状的区域、笔画和顶点看作不同维度的元素，并将其放置在不同层级的节点位置上，将相同维度间元素邻接拓扑关系构造成层级内水平方向的边结构，将不同维度间元素的阶级关系构造为层间垂直方向的边结构。借助多维度图的拓扑表达，自上而下的匹配方法可以同时考虑相同层级间元素的几何与拓扑属性，也能考虑不同层级间的几何与拓扑属性。为了更准确地度量笔画的几何相似度，该方法引入了基于弹性形状空间的匹配方法，能够在考虑弹性影响的同时计算笔画间的内蕴几何差异。本书还提出了笔画重构方法，将一对多、多对多的笔画匹配转化为一对一对应匹配。

该方法适用于具有较大几何变形和拓扑变化的 Cel 形状匹配，而且能够解决匹配过程中发生的元素退化或衍生情况。在实验分析阶段，第五章通过多个案例展现了方法的效率，并将笔画匹配结果与现有笔画匹配方法进行了对比。

二、未来工作展望

虽然本书提到的 Cel 形状匹配方法能够有效降低动画工作者的工作量，但是仍有不足，比如当 Cel 形状中超过一半的区域发生拓扑变化，或者大量拓扑变化集中分布在 Cel 形状的一个局部时，本书方法可能无法做到精确匹配。同时方法在应用方向上需要进行拓展。为了提高方法的效率和实用性，未来将从以下几个方面进行改进。

1. 对栅格化的 Cel 形状匹配

在动画工业中仍然有部分计算机辅助动画创作是以位图的形式作为数据表达的。而且对于其他栅格化形式的媒体创作，如漫画、插画等，都需要借助计算机辅助形状匹配方法。

本书方法重点关注针对矢量化的 Cel 形状匹配方法，且方法依赖于 Cel 形状的矢量化形式来构建其拓扑表达，因此无法直接处理栅格化的 Cel 形状匹配。在未来的工作中，我们希望尝试直接以像素化的表达，通过稠密匹配的方式对 Cel 形状各个维度的元素进行匹配；通过黎曼几何分析工具对栅格化的 Cel 形状元素进行相似度度量，或者提出有效的矢量化转化方法，将栅格化的 Cel 形状转化为带有拓扑结构的矢量化表达。

2. 对特殊动画风格的 Cel 形状匹配

对于特殊的动画风格，其 Cel 形状的几何属性和拓扑属性不同，比如水墨动画、版画动画等。针对不同风格，Cel 形状匹配需要考虑不同的属性，比如区域内填充材质的差异、笔画粗细的差异等。在未来工作中，我们希望针对不同动画风格提出特有的 Cel 形状匹配方法，使得这些方法能够更有效提炼出 Cel 形状的内蕴特征差异。同时针对不同风格提出不同匹配框架，提高匹配效率。

3. 对时序的 Cel 形状匹配

目前本书的匹配方法只针对两个关键帧的 Cel 形状。对于输入多个关键帧所组成的时间序列，本书的方法只能一帧一帧有序地进行匹配，这会大大降低匹配效率。在未来的工作中，我们将尝试提出针对多关键帧的 Cel 形状匹配方法。方法需要解决动画过程中的形状遮挡问题，解决推拉镜头所产生的部分区域匹配全部区域的情况，使方法能够提取利用动画过程中的拓扑变化信息，实时地解决带有大量关键帧的 Cel 形状匹配问题，实现区域在时间序列中的精确追踪。

参考文献

［1］MCCORMICK K，SCHILLING M R，GIACHET M T，et al. Animation cels：conservation and storage issues［J］. Objects specialty group postprints，2014（21）：251-261.

［2］CAVALIER S. The world history of animation［M］.Berkeley：University of California Press，2011.

［3］THOMPSON K. Implications of the cel animation technique［C］//The Cinematic Apparatus. New York：Springer，1980：106-120.

［4］FRANK H. Traces of the world：cel animation and photography［J］. Animation，2016，11（1）：23-39.

［5］JIANG J，SEAH H S，LIEW H Z，et al. Challenges in designing and implementing a vector-based 2d animation system［M］//DILLON R. The Digital Gaming Handbook. Florida：CRC Press，2020：245-274.

［6］CATMULL E. The problems of computer-assisted animation［J］. ACM siggraph computer graphics，1978，12（3）：348-353.

［7］耿卫东，潘云鹤. 计算机辅助美术动画的新方法综述［J］. 计算机辅助设计与图形学学报，2005（1）：1-8.

［8］敖雪峰. 计算机二维动画中的关键问题研究［D］. 北京：北京师范大学，2009.

［9］JOHNSTON O，THOMAS F. The illusion of life：disney animation［M］. New York：Disney Editions，1995.

［10］ALEXA M，COHEN-OR D，LEVIN D. As-rigid-as-possible shape

interpolation［C］// Proceedings of the 27th Annual Conference on Computer Graphics and Interactive Techniques. Boston：ACM Press，2000：157-164.

［11］JIN BW，GENG W D. Correspondence specification learned from master frames for automatic inbetweening［J］. Multimedia tools and applications，2015，74（13）：4873-4889.

［12］MELIKHOV K，TIAN F，SEAH H S，et al. Frame skeleton based auto-inbetweening in computer assisted cel animation［C］//2004 International Conference on Cyberworlds. IEEE，2004：216-223.

［13］SEAH H S，WU Z，TIAN F，et al. Interactive free-hand drawing and in-between generation with dbsc［C］//Proceedings of the 2005 ACM SIGCHI International Conference on Advances in computer entertainment technology. New York：Association for Computing Machinery，2005：385-386.

［14］FAN XY，BERMANO A H，KIM V G，et al. Tooncap：a layered deformable model for capturing poses from cartoon characters［C］//Proceedings of the joint symposium on computational aesthetics and sketch-Based interfaces and modeling and non-photorealistic animation and rendering. New York：Association for computing machinery，2018：1-12.

［15］JIANG J，SOON S H，LIEW H Z. Stroke-based drawing and inbetweening with boundary strokes［J］. Computer graphics forum，2021，41（1）：257-269.

［16］CICCONE L，OZTIRELI C，SUMNER R W. Tangent-space optimization for interactive animation control［J］. ACM transactions on graphics，2019，38（4）：1-10.

［17］QIU J，SOON H S，TIAN F，et al. Enhanced auto coloring with hierarchical region matching［J］. Computer animation and virtual worlds，2005，16（3-4）：463-473.

［18］QIU J，SEAH H S，TIAN F，et al. Computer-assisted auto coloring by region matching [C] // 11th Pacific Conference on Computer Graphics and Applications, 2003. Proceedings, IEEE, 2003: 175-184.

[19] SEAH H S, FENG T. Computer-assisted coloring by matching line drawings [J]. The visual computer, 2000, 16 (5): 289-304.

[20] SÝKORA D, BURIÁNEK J, ZÁRA J. Unsupervised colorization of black-and-white cartoons [C] //Proceedings of the 3rd international symposium on Non-photorealistic animation and rendering. New York: Association for computing machinery, 2004: 121-127.

[21] NASCIMENTO R, QUEIROZ F, ROCHA A, et al. Colorization and illumination of 2d animations based on a region-tree representation [C] //2011 24th SIBGRAPI Conference on Graphics, Patterns and Images. IEEE, 2011: 9-16.

[22] CHEN S Y, ZHANG J Q, GAO L, et al. Active colorization for cartoon line drawings [J]. IEEE transactions on visualization and computer graphics, 2022, 28 (2): 1198-1208.

[23] HUDON M, GROGAN M, PAGÉS R, et al. 2dtoonshade: a stroke based toon shading system [J]. Computers & graphics: x, 2019 (1): 1-13.

[24] ZHANG Q, WANG B, WEN W, et al. Line art correlation matching feature transfer network for automatic animation colorization [C] // Proceedings of the IEEE/CVF Winter Conference on Applications of Computer Vision, 2021: 3872-3881.

[25] 王剑明. 二维动画相关匹配构造技术的研究 [D]. 厦门: 厦门大学, 2014.

[26] LIU X T, MAO X Y, YANG X S, et al. Stereoscopizing cel animations [J]. ACM transactions on graphics, 2013, 32 (6): 1-10.

[27] ZHU H C, LIU X T, WONG T T, et al. Globally optimal toon tracking [J]. ACM transactions on graphics, 2016, 35 (4): 1-10.

[28] ZHANG L, HUANG H, FU H. EXCOL: an extract-and-complete

layering approach to cartoon animation reusing［J］. IEEE transactions on visualization and computer graphics，2011，18（7）: 1156-1169.

［29］CASEY E，PÉREZ V，LI Z R，et al. The animation transformer: visual correspondence via segment matching［C］//2021 IEEE/CVF International Conference on Computer Vision，2021.

［30］刘云帅. 基于形状匹配的二维卡通运动捕捉关键技术研究［D］. 天津：天津大学，2012.

［31］DVOROŽNÁK M，LI W，KIM V G，et al. Toonsynth: example-based synthesis of hand-colored cartoon animations［J］. ACM transactions on graphics，2018，37（4）: 1-11.

［32］BEN-ZVI N，BENTO J，MAHLER M，et al. Line-drawing video stylization［J］. Computer graphics forum，2016，35（6）: 18-32.

［33］SONG Z J，YU J，ZHOU C L，et al. Skeleton correspondence construction and its applications in animation style reusing［J］. Neurocomputing，2013，120: 461-468.

［34］MADEIRA J S，STORK A，GROSS M H. An approach to computer-supported cartooning［J］. The visual computer，1996，12（1）: 1-17.

［35］KANAMORI Y. Region matching with proxy ellipses for coloring hand-drawn animations［C］//SIGGRAPH Asia 2012 Technical Briefs. New York：Association for Computing Machinery，2012: 4.

［36］KANAMORI Y. A comparative study of region matching based on shape descriptors for coloring hand-drawn animation［C］//2013 28th International Conference on Image and Vision Computing New Zealand（IVCNZ 2013），IEEE，2013: 483-488.

［37］SATO K，MATSUI Y，YAMASAKI T，et al. Reference-based manga colorization by graph correspondence using quadratic programming ［C］//SIGGRAPH Asia 2014 Technical Briefs. New York：Association for

Computing Machinery, 2014: 1-4.

[38] CHANG C W, LEE S Y. Automatic cel painting in computer-assisted cartoon production using similarity recognition [J]. The journal of visualization and computer animation, 1997, 8(3): 165-185.

[39] TRIGO P G, JOHAN H, IMAGIRE T, et al. Interactive region matching for 2d animation coloring based on feature's variation [J]. IEICE transactions on information and systems, 2009, 92(6): 1289-1295.

[40] BEZERRA H, FEIJÓ B, VELHO L. A computer-assisted colorization algorithm based on topological difference [C] //2006 19th Brazilian Symposium on Computer Graphics and Image Processing. IEEE, 2006: 71-77.

[41] SÝKORA D, BEN-CHEN M, CADIK M, et al. Textoons: practical texture mapping for hand-drawn cartoon animations [C] // Proceedings of the ACM SIGGRAPH/Eurographics Symposium on Non-Photorealistic Animation and Rendering: No. 10. New York: Association for Computing Machinery, 2011: 75-84.

[42] QIU J, SEAH H S, TIAN F, et al. Auto coloring with enhanced character registration [J]. International journal of computer games technology, 2008: 1-7.

[43] Cacani. 2D animation and inbetween software [EB/OL]. (2018-01-03). https://cacani.sg/.

[44] PHILLIPS A. Animate to harmony: the independent animator's guide to toon boom [M]. Oxfordshire: Routledge, 2014.

[45] MIURA T, IWATA J, TSUDA J. An application of hybrid curve generation: cartoon animation by electronic computers [C] //Proceedings of the april 18-20, 1967, spring joint computer conference. New York: Association for Computing Machinery, 1967: 141-148.

［46］BURTNYK N, WEIN M. Computer-generated key-frame animation ［J］. Journal of the smpte, 1971, 80（3）: 149-153.

［47］LEVOY M. A color animation system: based on the multiplane technique［J］. ACM siggraph computer graphics, 1977, 11（2）: 65-71.

［48］KOCHANEK D. A computer system for smooth keyframe animation by doris hu kochanek［M］. Ottawa: National Library of Canada, 1984.

［49］DURAND C X. The "toon" project: requirements for a computerized 2d animation system［J］. Computers & graphics, 1991, 15（2）: 285-293.

［50］FEKETE J D, BIZOUARN É, COURNARIE É, et al. Tictactoon: a paperless system for professional 2d animation［C］//Proceedings of the 22nd annual conference on Computer graphics and interactive techniques. New York: Association for Computing Machinery, 1995: 79-90.

［51］WHITED B, NORIS G, SIMMONS M, et al. Betweenit: an interactive tool for tight inbetweening［J］. Computer graphics forum, 2010, 29（2）: 605-614.

［52］YANG W. Context-aware computer aided inbetweening［J］. IEEE transactions on visualization and computer graphics, 2017, 24（2）: 1049-1062.

［53］KORT A. Computer aided inbetweening［C］//Proceedings of the 2nd international symposium on Non-photorealistic animation and rendering. New York: Association for Computing Machinery, 2002: 125-132.

［54］CHEN Q, TIAN F, SEAH H S, et al. DBSC-based animation enhanced with feature and motion［J］. Computer animation & virtual worlds, 2006, 17（3-4）: 189-198.

［55］YANG W W, FENG J Q. 2D shape morphing via automatic feature matching and hierarchical interpolation［J］. Computers & graphics, 2009, 33（3）: 414-423.

［56］CARVALHO L, MARROQUIM R, BRAZIL E V. Dilight: digital

light table-inbetweening for 2d animations using guidelines［J］. Computers & graphics, 2017, 65: 31-44.

［57］MIYAUCHI R, FUKUSATO T, XIE H, et al. Stroke correspondence by labeling closed areas［C］//2021 Nicograph International. IEEE, 2021: 34-41.

［58］YANG W W, SEAH H S, CHEN Q, et al. FTP-SC: fuzzy topology preserving stroke correspondence［J］. Computer graphics forum, 2018, 37 (8): 125-135.

［59］LIU D Q, CHEN Q, YU J, et al. Stroke correspondence construction using manifold learning［J］. Computer graphics forum, 2011, 30 (8): 2194-2207.

［60］YU J, BIAN W, SONG M, et al. Graph based transductive learning for cartoon correspondence construction［J］. Neurocomputing, 2012, 79: 105-114.

［61］YU J, LIU D Q, TAO D C, et al. Complex object correspondence construction in two-dimensional animation［J］. IEEE transactions on image processing, 2011, 20 (11): 3257-3269.

［62］WANG J M, YU J. Correspondence construction for cartoon animation via sparse coding［C］// Proceedings of the Fifth International Conference on Internet Multimedia Computing and Service, ［s.l.］:［s.n.］, 2013: 277-282.

［63］SONG Z J, YU J, ZHOU C L, et al. Automatic cartoon matching in computer-assisted animation production［J］. Neurocomputing, 2013, 120: 397-403.

［64］LI X Y, ZHANG B, LIAO J, et al. Deep sketch-guided cartoon video inbetweening［J］. IEEE transactions on visualization and computer graphics, 2022, 28 (8): 2938-2952.

[65] 宋智军. 二维动画角色的自动匹配方法及计算实现 [D]. 厦门：厦门大学，2013.

[66] PETERSEN P. Riemannian geometry [M]. New York：Springer, 2006.

[67] DO CARMO M P, FRANCIS J F. Riemannian geometry [M]. New York：Springer, 1992.

[68] GALLOT S, HULIN D, LAFONTAINE J. Riemannian geometry [M]. New York：Springer, 1990.

[69] DRYDEN I L, MARDIA K V. Statistical shape analysis, with applications in R [M]. Hoboken：John Wiley & Sons, 2016：59-65.

[70] SMALL C G. The statistical theory of shape [M]. New York：Springer Science & Business Media, 1996.

[71] BAUER M, BRUVERIS M, MICHOR P W. Overview of the geometries of shape spaces and diffeomorphism groups [J]. Journal of mathematical imaging and vision, 2014, 50 (1-2)：60-97.

[72] LEE J M. Introduction to riemannian manifolds [M]. New York：Springer, 2018.

[73] FLETCHER P T, LU C, PIZER S M, et al. Principal geodesic analysis for the study of nonlinear statistics of shape [J]. IEEE transactions on medical imaging, 2004, 23 (8)：995-1005.

[74] KIMMEL R, SETHIAN J A. Computing geodesic paths on manifolds [J]. Proceedings of the national academy of sciences, 1998, 95 (15)：8431-8435.

[75] KNAPP A W. Lie groups beyond an introduction [M]. 1st ed. New York：Springer, 1996.

[76] KIRILLOV A. An introduction to lie groups and lie algebras [M]. Cambridge：Cambridge University Press, 2008.

[77] SWANN A, OLSEN N H. Linear transformation groups and shape space [J]. Journal of mathematical imaging and vision, 2003, 19(1): 49-62.

[78] GILMORE R. Lie groups, lie algebras, and some of their applications [M]. New York: Dover Publi cations, 2006.

[79] CARNE T. The geometry of shape spaces [J]. Proceedings of the London mathematical society, 1990, 3(2): 407-432.

[80] KÄHLER M. Shape spaces and shape modelling analysis of planar shapes in a riemannian framework [D]. Durham: Durham University, 2012.

[81] FOWLKES C C. Surveying shape spaces [Z]. 2007: 3-10

[82] KENDALL D G. Shape manifolds, procrustean metrics, and complex projective spaces [J]. Bulletin of the London mathematical society, 1984, 16(2): 81-121.

[83] LANCASTER H O. The helmert matrices [J]. The American mathematical monthly, 1965, 72(1): 4-12.

[84] STILLWELL J. Naive lie theory [M]. New York: Springer Science & Business Media, 2008.

[85] YOUNES L. Computable elastic distances between shapes [J]. SIAM journal on applied mathematics, 1998, 58(2): 565-586.

[86] YOUNES L. Optimal matching between shapes via elastic deformations [J]. Image and vision computing, 1999, 17(5-6): 381-389.

[87] KLASSEN E, SRIVASTAVA A, MIO M, et al. Analysis of planar shapes using geodesic paths on shape spaces [J]. IEEE transactions on pattern analysis and machine intelligence, 2004, 26(3): 372-383.

[88] KIM J, FISHER J W, YEZZI A J, et al. A nonparametric statistical method for image segmentation using information theory and curve evolution [J]. IEEE transactions on image processing, 2005, 14(10): 1486-1502.

[89] MIO W, SRIVASTAVA A, JOSHI S. On shape of plane elastic

curves [J]. International journal of computer vision, 2007, 73 (3): 307-324.

[90] SRIVASTAVA A, KLASSEN E, JOSHI S H, et al. Shape analysis of elastic curves in euclidean spaces [J]. IEEE transactions on pattern analysis and machine intelligence, 2010, 33 (7): 1415-1428.

[91] ÖNCAN T. A survey of the generalized assignment problem and its applications [J]. INFOR: information systems and operational research, 2007, 45 (3): 123-141.

[92] CATTRYSSE D G, VAN WASSENHOVE L N. A survey of algorithms for the generalized assignment problem [J]. European journal of operational research, 1992, 60 (3): 260-272.

[93] FISHER M, JAIKUMAR R, VAN WASSENHOVE L. A multiplier adjustment method for the generalized assignment problem [J]. Management science, 1986, 32 (9): 1095-1103.

[94] 严骏驰. 图匹配问题的研究和算法设计 [D]. 上海: 上海交通大学, 2017.

[95] IRI M. Network flow, transportation and scheduling—theory and algorithms [M]. Cambridge: Academic Press, 1969.

[96] JENSEN T R, TOFT B. Graph coloring problems [M]. Hoboken: John Wiley & Sons, 1994.

[97] AHUJA R K, MEHLHORN K, ORLIN J, et al. Faster algorithms for the shortest path problem [J]. Journal of the ACM, 1990, 37 (2): 213-223.

[98] SUN H, ZHOU W J, FEI M. A survey on graph matching in computer vision [C] //2020 13th International Congress on Image and Signal Processing, BioMedical Engineering and Informatics. IEEE, 2020: 225-230.

[99] ALMOHAMAD H A, DUFFUAA S O. A linear programming approach for the weighted graph matching problem [J]. IEEE transactions on pattern analysis and machine intelligence, 1993, 15 (5): 522-525.

［100］BERTSEKAS D P. A new algorithm for the assignment problem［J］. Mathematical programming，1981，21（1）：152-171.

［101］MARTELLO S，TOTH P. Linear assignment problems［M］. Amsterdam：Elsevier，1987：259-282.

［102］VALENCIA C E，VARGAS M C. Optimum matchings in weighted bipartite graphs［J］. Boletín de la sociedad matemática mexicana，2016，22（1）：1-12.

［103］KENNEDY J R. Solving unweighted and weighted bipartite matching problems in theory and practice［M］. California：Stanford University，1995.

［104］KUHN H W. The hungarian method for the assignment problem［J］. Naval research logistics quarterly，1955，2（1-2）：83-97.

［105］KOOPMANS T，BECKMANN M J. Assignment problems and the location of economic activities［J］. Econometrica，1957，25（1）：53-76.

［106］BURKARD R E，CELA E，PARDALOS P M，et al. The quadratic assignment problem［M］// Handbook of combinatorial optimization. New York：Springer，1998：1713-1809.

［107］FINKE G，BURKARD R E，RENDL F. Quadratic assignment problems［M］. Amsterdam：Elsevier，1987：61-82.

［108］张惠珍. 二次分配问题算法研究［D］. 上海：上海理工大学，2013.

［109］LAWLER E L. The quadratic assignment problem［J］. Management science，1963，9（4）：586-599.

［110］SAHNI S，GONZALEZ T. P-complete approximation problems［J］. Journal of the ACM，1976，23（3）：555-565.

［111］EDWARDS C. The derivation of a greedy approximator for the koopmans-beckmann quadratic assignment problem［C］//Proceedings of the 77th Combinatorial Programming Conference. Burnaby: Simon Fraser University, 1977: 55-86.

[112] EDWARDS C S. A branch and bound algorithm for the koopmans-beckmann quadratic assignment problem [M] //Combinatorial optimization II. New York: Springer, 1980: 35-52.

[113] HADLEY S W, RENDL F, WOLKOWICZ H. Bounds for the quadratic assignment problems using continuous optimization techniques [C]. IPCO, 1990: 237-248.

[114] YU T S, YAN J C, WANG Y L, et al. Generalizing graph matching beyond quadratic assignment model [J]. Advances in neural information processing systems, 2018, 31: 861-871.

[115] WOLKOWICZ H, SAIGAL R, VANDENBERGHE L. Handbook of semidefinite programming: theory, algorithms, and applications [M]. New York: Springer Science & Business Media, 2000.

[116] VANDENBERGHE L, BOYD S. Semidefinite programming [J]. SIAM review, 1996, 38(1): 49-95.

[117] GOLD S, RANGARAJAN A. A graduated assignment algorithm for graph matching [J]. IEEE transactions on pattern analysis and machine intelligence, 1996, 18 (4): 377-388.

[118] UMEYAMA S. An eigendecomposition approach to weighted graph matching problems [J]. IEEE transactions on pattern analysis and machine intelligence, 1988, 10 (5): 695-703.

[119] EGOZI A, KELLER Y, GUTERMAN H. A probabilistic approach to spectral graph matching [J]. IEEE transactions on pattern analysis and machine intelligence, 2012, 35 (1): 18-27.

[120] LASSETER J. Principles of traditional animation applied to 3d computer animation [C] // Proceedings of the 14th annual conference on

Computer graphics and interactive techniques. New York: Association for Computing Machinery, 1987: 35-44.

[121] ZHANG S H, CHEN T, ZHANG Y F, et al. Vectorizing cartoon animations [J]. IEEE transactions on visualization and computer graphics, 2009, 15 (4): 618-629.

[122] TRÉMEAU A, COLANTONI P. Regions adjacency graph applied to color image segmentation [J]. IEEE transactions on image processing, 2000, 9 (4): 735-744.

[123] LEORDEANU M, HEBERT M. A spectral technique for correspondence problems using pairwise constraints [M] //Tenth IEEE international conference on computer vision Volume 1. IEEE, 2005: 1482-1489.

[124] CHO M, LEE J, LEE K M. Reweighted random walks for graph matching [C] //European conference on Computer vision. New York: Springer, 2010: 492-505.

[125] ZHOU F, DE LA TORRE F. Factorized graph matching [C] // 2012 IEEE Conference on Computer Vision and Pattern Recognition. IEEE, 2012: 127-134.

[126] BELONGIE S, MALIK J, PUZICHA J. Shape context: a new descriptor for shape matching and object recognition [J]. Advances in neural information processing systems, 2000, 13: 831-837.

[127] BERTSEKAS D P. The auction algorithm: a distributed relaxation method for the assignment problem [J]. Annals of operations research, 1988, 14 (1): 105-123.

[128] JONKER R, VOLGENANT A. A shortest augmenting path algorithm for dense and sparse linear assignment problems [J]. Computing, 1987, 38 (4): 325-340.

[129] KNOWLES J D, CORNE D. Towards landscape analyses to inform

the design of hybrid local search for the multiobjective quadratic assignment problem[J]. HIS, 2002, 87: 271-279.

[130] KNOWLES J, CORNE D. Instance generators and test suites for the multiobjective quadratic assignment problem[C]//International Conference on Evolutionary Multi-Criterion Optimization. New York: Springer, 2003: 295-310.

[131] KIVELÄ M, ARENAS A, BARTHELEMY M, et al. Multilayer networks[J]. Journal of complex networks, 2014, 2(3): 203-271.

[132] JIANG J, SEAH H S, LIEW H Z. Handling gaps for vector graphics coloring[J]. The visual computer, 2021, 37(1): 2473-2484.

[133] DALSTEIN B, RONFARD R, VAN DE PANNE M. Vector graphics complexes[J]. ACM transactions on graphics, 2014, 33(4): 1-12.

[134] DALSTEIN B, RONFARD R, VAN DE PANNE M. Vector graphics animation with time varying topology[J]. ACM transactions on graphics, 2015, 34(4): 1-12.

[135] DALSTEIN B. Topological modeling for vector graphics[J]. IEEE computer graphics and applications, 2019, 39(3): 86-95.

[136] GORDON W J, RIESENFELD R F. B-spline curves and surfaces[M]. London: Elsevier, 1974: 95-126.

[137] BERNAL J, DOGAN G, HAGWOOD C R. Fast dynamic programming for elastic registration of curves[C]//Proceedings of the IEEE Conference on Computer Vision and Pattern Recognition Workshops, 2016: 111-118.

[138] MUNICH M E, PERONA P. Continuous dynamic time warping for translation-invariant curve alignment with applications to signature verification[C]//Proceedings of the Seventh IEEE International Conference on Computer Vision. IEEE, 1999: 108-115.

[139] ZHENG W, BO P, LIU Y, LIU Y, et al. Fast b-spline curve fitting by l-bfgs[J]. Computer aided geometric design, 2012, 29(7): 448-462.

致　谢

本书的完成离不开许多人的支持与帮助。在此，我要向在整个研究与写作过程中给予我宝贵指导和帮助的各位致以最诚挚的感谢。

首先，我要衷心感谢我的导师武仲科教授和周雯教授。他们不仅传授了我丰富的知识和科研方法，更教会了我如何踏踏实实地做事，如何一丝不苟地做人。两位导师的悉心指导和严格要求，让我在学术道路上不断成长，并深刻理解了科研的真正意义。

我还要深深感谢我的妻子槐雪，她是我一生中最珍爱的人。她用行动鼓励我完成学业，用青春支持我追逐梦想。她的理解与陪伴，是我在学术探索中不断前行的力量源泉。

同时，我要感谢我的父母和岳父岳母。是他们的一句句鼓励，让我在迷茫和失落时，拥有无限的力量和信心。他们的关心与支持，让我在学术道路上坚定前行，无畏艰难。

特别感谢我的女儿刘芊辰，她在我肩膀上酣睡时，带给我内心的平静；她咯咯的笑声，赋予我克服困难、勇往直前的决心。在她的天真与欢笑中，我找到了拼搏的意义。

我要感谢我的同门师兄弟姐妹，特别是刘香圆、刘娜、赵海川、茹旭东、吕辰雷和张丹，感谢你们的指点与帮助。你们的支持与智慧，使我在学术研究中能够不断突破自己，解决诸多难题。

感谢北京师范大学艺术与传媒学院数字媒体系的同事们，感谢你们在我研究过程中给予的关心与帮助。你们的支持让我在前行的路上不再孤单，让我在研究的道路上更加坚定。

最后，我要感谢本书得以出版的幕后功臣，特别感谢中国国际广播出版社的肖阳先生和韩蕊编辑，以及所有参与本书出版环节的未曾提及的人们。正是由于你们的默默支持与鼓励，我才能够顺利完成这本书，并将其呈现给读者。你们的支持是我前进的动力，也激励着我在未来的学术道路上继续努力。

未来的路还需更加努力，愿与诸君共勉。

刘绍龙

2024 年 8 月

图书在版编目（CIP）数据

计算机辅助Cel动画技术：Cel动画形状匹配方法研究 / 刘绍龙著. —北京：中国国际广播出版社，2024.5
ISBN 978-7-5078-5555-5

Ⅰ.①计… Ⅱ.①刘… Ⅲ.①动画制作软件 Ⅳ.①TP391.414

中国国家版本馆CIP数据核字（2024）第094274号

计算机辅助Cel动画技术：Cel动画形状匹配方法研究

著　　者	刘绍龙
策划编辑	肖　阳
责任编辑	韩　蕊
校　　对	张　娜
版式设计	邢秀娟
封面设计	赵冰波

出版发行	中国国际广播出版社有限公司［010-89508207（传真）］
社　　址	北京市丰台区榴乡路88号石榴中心2号楼1701 邮编：100079
印　　刷	北京启航东方印刷有限公司
开　　本	710×1000　1/16
字　　数	170千字
印　　张	11
版　　次	2024 年 5 月　北京第一版
印　　次	2024 年 5 月　第一次印刷
定　　价	78.00 元

版权所有　盗版必究